海岸林維持管理システムの構築

―持続可能な社会資本としてのアプローチ―

岡田 穣 編著

専修大学商学研究所叢書19

東京 白桃書房 神田

序　文

商学研究所叢書刊行にあたって

「商学研究所叢書」第19巻にあたる本書は，持続可能な海岸林維持管理システムの構築についてまとめたものである。

海岸林は海からの風や砂，津波の勢いを和らげること等を目的として，人間の手によってつくられた多面的機能を持つ森林であり，その効果及び意義は2011年３月に発生した東日本大震災の際に注目を集め，その健全な活用に向けた保全管理活動が実施されている。海岸林は継続的な管理によって多面的機能を効果的に発揮するものであり，その恩恵を受けることで人間と森林が共生している。しかしその管理は主として公的資金を財源として実施されている場合が多く，その財源も決して豊かであるとはいえない。そこで今後も継続的な管理を進めるためには，海岸林を社会的共通資本（地域の共有財産）とみなし，多くの社会的立場の人々や組織が海岸林の管理に携わる協働概念の確立が不可欠である。

本書は，こうした現状に鑑みて，社会的立場の１つである企業に着目し，企業が管理活動に参入できるような体制づくり（企業が参入しやすい条件や経済的価値の算出，プログラム等の準備）の基本骨格を確立し，企業のCSR戦略やブランド戦略，社会貢献活動への応用に資する基礎情報を整理することを目的として，ステークホルダー（協働対象である行政やNPO，地域住民など）との関係をみながらの現在の参画状況と各立場との関係，海岸林の環境資産としての評価，及び今後の企業参画に向けた各立場ならびに全体としての評価に関する研究成果をまとめたものである。

３年間に及ぶプロジェクト・チームの研究成果が，海岸林の保全管理活動に関心を持つ多くの方々や企業等各種団体の知的刺激となることを願うと共に，同チームの活動にご支援・ご協力いただいた関係諸氏には心から御礼を申し上げたい。

2020年3月

専修大学商学研究所所長 渡邊隆彦

はじめに

2011年3月11日14時46分—宮城県東方沖を震源としたM9.0の巨大地震が発生した日時である。この地震に伴い東北地方を中心として大規模な津波が発生し，その津波は地域へ甚大な被害をもたらした。言わずと知れた「東日本大震災」である。この震災は人々にとって自然の脅威や日常の平和の素晴らしさ，日頃の防災への取り組みの必要性を実感し，改めて考え直すことができる機会となった。そしてこれを機会として世間の注目を浴びたものの1つが，本書で取り上げる海岸林（海岸防災林，防潮林とも呼ばれる）である。海岸林は海からの風や砂，津波の勢いを和らげたりすることを目的の1つとして，人間の手によってつくられた「生き物」（樹木や草本などの生物によって成立した防災施設）である。実は震災以前は海岸林の存在する地域以外においてはほとんど認知されておらず，管理者や研究者は「まずどうやって海岸林というものを知ってもらうか」に頭を悩ませていた。しかし震災後には国会内においても海岸林の研究者が集まる学会名が紹介されるなど，認知度は一気に上昇し，震災復興の1つとして海岸林の再生事業も大々的に実施され，他の地域でも来たる「南海トラフ巨大地震」（南海トラフ沿いを震源域とした巨大地震）等に備えての海岸林の整備などが積極的に実施されている。ここで注目すべき点は，海岸林の再生整備事業といった「ハード面」の対策だけでなく，維持管理システム（本書内ではこのシステムの1つである保全管理活動を主対象としている）や避難システムといった「ソフト面」もあわせて意識・検討されてきた点である。これまでの海岸林に関する研究や事業は主に林学や工学など，主に自然科学分野からの「ハード的」なアプローチであり，社会科学分野からの「ソフト的」なアプローチは非常に少なかった。それは海岸林の保全管理が国や都道府県といった行政主体のものであり，その財源も公的資金がほとんどで一般社会との接点が少ないことが一因である。しかし将来的には海岸林の保全管理も行政だけに多くを頼らず，「地域社会」として海岸林に向きあわなければならない。その際，保全管理活動の人的資源は地域の人々が主体となるが，これに財的資源もとなると地域の人々個人でまかなうというのは非常に難しく，そこで白羽の矢が立つのが企業といった団体組織による支援である。しかし企業は本来営利目的で成立する組織であり，その営利に直接的または間接的に反映されない限り支援し続けることは非常に難しい。現在も海岸林の保全管理活動に携わる企業はみられるものの，それらはボランティア的な要素が強く企業という社会的立場としての支援は弱いのが実状であり，企業からみて海岸林が経済資源となるような関係づくりが必要である。

本書『海岸林維持管理システムの構築－持続可能な社会資本としてのアプローチ－』は，平成28（2016）年度から平成30（2018）年度の３年間に及ぶ専修大学商学研究所プロジェクト「海岸林の管理活動への企業参入に向けた研究－共通社会資本としての海岸林の評価と海岸林管理の協働管理体制の構築に向けた基礎情報の整理－」の研究成果の一部である。このプロジェクトは海岸林の管理活動への企業参入を主な目的としてスタートした。海岸部に成立する海岸林は継続的な管理によって多面的機能を効果的に発揮するものであり，その恩恵を受けることで人間と森林が共生している。しかしその管理は主として公的資金を財源として実施されている場合が多く，その財源も決して豊かであるとはいえない。そこで今後も継続的な管理を進めるためには，海岸林を社会的共通資本（地域の共有財産）とみなし，多くの社会的立場の人々や組織が海岸林の管理に携わる協働概念の確立が不可欠である。本研究では協働する社会的立場の１つである企業に着目し，企業が管理活動に参入できるような体制づくり（企業が参入しやすい条件や経済的価値の算出，プログラム等の準備）の基本骨格を確立し，企業のCSR戦略やブランド戦略，社会貢献活動への応用的適用の可能性を引き出す基礎的情報を整理することを目的として，ステークホルダー（協働対象である行政やNPO，地域住民など）との関係をみながらの現在の参画状況と各立場との関係，そして海岸林の環境資産としての評価，及び今後の企業参画に向けた各立場及び全体としての評価・課題の整理を行った。本研究の特色は海岸林の管理財源に焦点を当て，その財源の可能性として企業参入に着目した点である。前述のとおり，これまでに海岸林を対象とした研究は森林自体の整備や管理の技術的な面を対象としたものがほとんどであり，管理の人的・金銭的な財源を確保することを目的とした研究はまだ行われていない。本研究ではこの社会科学分野や商学，経営学といったこれまでの多くとは異なるアプローチで，複数の研究者によって本格的に実施した。また，森林・森づくりを対象とした企業の参入はこれまでにも多くの事例がみられるが，それらは山間部や都市部に多く見られ，海岸部という特殊な地域に存在する海岸林を対象とした参入の事例はほとんどないため，今回の研究ではこの海岸部に存在するという特殊な点にも着目し，他の森林とは異なることを生かした企業参入の可能性についても検討した。

本書は８つの章からなる。各章の特徴を以下に述べる。

第１章「海岸林について」は，本書を読むにあたって及び海岸林の保全管理活動を実施するにあたっての海岸林に関する基礎的な知識として，海岸林の定義，海岸林の成立，海岸林の分布，海岸林の果たす機能（多面的機能）について記している。内容的には海岸林の保全管理活動において有用であろう部分にある程度焦点を絞っての説明となっている。

第２章「海岸林の保全管理論」は，なぜ海岸林を保全管理しなければならないのか，そして保全管理活動を行うことによってどのような効果があるのかについての基礎的な知識及び研究調査結果について，一般的な森林と海岸林との違い，保全管理をしないことによる弊害，保全管理を実施することによる効果，保全管理の歴史として海岸林の放置，松くい虫被害，保全管理の組織構造と参加形態の概要として海岸林の保全管理体制，保全管理活動の作業項目，企業による保全管理の事例について記している。内容的には保全管理活動を実施するにあたり事前に知っておいてもらいたいことを説明している。

第３章から第５章は各地における企業をはじめとする各団体の活動について「佐賀県唐津市虹の松原」，「鳥取県弓ヶ浜海岸林」，「山形県庄内海岸砂防林」の事例について記している。ここでは資料や文献等の調査結果のみでなく実際にメンバーが現地に赴き，当地において海岸林の保全管理活動を実施している企業や団体にヒアリング調査を実施し，場所によっては保全管理活動に実際に参加して活動の現状や評価，課題について説明している。

第６章「各地域での海岸林保全活動の現状についての考察・評価」は，第３章～第５章での実際の調査結果から見えた現状や評価，課題についての全体的なまとめについて記しており，内容的には行政機関，NPO・地域活動団体，企業，地域住民のそれぞれの視点に分けて各々の特徴及び比較について説明している。

第７章「海岸林の価値観の再構成」は今後の海岸林の保全管理活動を行うきっかけとなる価値観について，地域が海岸林に求める機能と目指す姿，海岸林の持つ多面的機能の１つである資材資源供給機能の事例について，アンケート調査やプロジェクト内で実施したミニシンポジウムにおける企業発表を記している。内容的には今後の海岸林における保全管理活動において有効かつ重要である，活動するにあたってのヒントとなる情報について紹介している。

第８章「海岸林の保全管理システムの提案」は今後の海岸林の保全管理に向けて，地域における各組織，特に地域住民，NPO，企業，そして海岸林との関係性の確認と提案として，海岸林保全管理における共同管理体制モデルを提案し，「づくり」の視点からみた地域と海岸林との関係，新たなシステムづくりでの各ステークホルダーの関わり方，各ステークホルダーに関連づけた新たな海岸林の保全管理システムの検討について記している。内容的にはこれまでの研究・調査結果に基づいた成果として私たちなりの「提案」を概念的な面と具体的な面の両方から説明している。

本研究を実施することにより，企業が海岸林の管理に参画するための条件や課題について整理できることは，海岸林にとってはこれまでそのほとんどを公的財源に依存していた海岸林の整備・管理に企業が参入して民間財源が入ることによる，多面的機能が安定して発揮できる海岸林の効率的・継続的な管理活動への足掛かりが見えることへの期待につながる。そして企業にとっては今後のCSR戦略やブランド戦略，社会貢献活動への応用的適用の足掛かりとなる基礎的情報を得ることが期待できる。そしてステークホルダーとの関係をみながらの現状把握と評価は，海岸林を共通社会資本とみなす地域全体で一体となっての活動の活性化へつながることが期待できる。

東日本大震災が発生して10年となる来年の2021年は，海岸林が震災からどのように立ち直り今後どのように進んでいくかを考える節目の時期である。その１年前に書き上げた本書での海岸林への社会科学的アプローチはこれからも求められる見解であり，その一助になってくれればと思うと共に，各地で海岸林の保全管理活動を実施している団体や地域住民の皆様に少しでも役立ってくれればと切に願う次第である。

末尾になるが，参加の研究メンバー諸氏，調査研究にご協力頂いた地域の皆様，専修大学商学研究所，そして白桃書房の大矢栄一郎氏のご協力に対し，改めて謝意を申し述べる。

2020年３月著者を代表して

編著者 岡田穣

目次

序文……i

はじめに……iii

第1章　海岸林について

1　海岸林の定義……1
2　海岸林の成立……4
3　海岸林の分布……10
4　海岸林の果たす機能……13

第2章　海岸林の保全管理論

1　保全管理の必要性……29
2　保全管理の歴史……43
3　保全管理の組織構造と参加形態の概要……48

第3章　佐賀県唐津市虹の松原の事例

1　概要……59
2　保全活動の概要と歴史……63
3　NPO 法人による活動……65
4　地元企業による活動……68
5　保全活動の現状・評価・課題……73

第4章　鳥取県弓ヶ浜海岸林の事例

1　地域概況……79
2　保全活動の現状・評価・課題……82

第5章　山形県庄内海岸砂防林の事例

1　地域概況……89
2　庄内海岸砂防林の保全活動に至る歴史的経緯……92
3　保全活動の現状・評価・課題……99

第6章　各地域での海岸林保全活動の現状についての考察・評価

1　各地域での海岸林保全活動の現状についての考察……124
2　アダプト制度を用いた海岸林保全活動の評価……126
3　各地域での海岸林保全活動における課題と追い風……129

第7章　海岸林の価値観の再構成

1　保全管理活動を行うきっかけとなる価値観……135
2　地域と企業の協働による資材資源供給機能の試行・活用事例―特別名勝・虹の松原を『守る』『育てる』『潤す』～虹松プロジェクト～―……157

第8章　海岸林の保全管理システムの提案

1　「づくり」の視点からみた地域と海岸林との関係……167
2　新たなシステムづくりでの各ステークホルダーの関わり方……168
3　各ステークホルダーに関連づけた新たな海岸林の保全管理システムの検討……175

第1章 海岸林について

この章では，今回の保全管理活動の主対象自体である海岸林について，その定義や成り立ち，分布，そして果たす機能などの基礎的知識を紹介し，対象としている海岸林がいかに地域の人々と深い関わりがあるか，いかに保全管理すべき対象であるかについて紹介する。

1 海岸林の定義

「海岸林」と言うと，多くの人は三保の松原のような「松原」を想像することが多い。海岸林について記した代表的な専門書の定義をみると，若生（1961）の「日本の海岸林」では「ここでいう海岸林とは，読んで字の通り，海岸地帯に分布している森林のことであるが，もう少しつめて言うと臨海砂浜地にある森林ということになる。それらの森林には，天然のものもあるが，むしろ人工によってつくられたものが多いのである」，沼田（1974）の「生態学辞典」では「潮風の影響の大きい海岸砂地に発達する森林」，太田ら（1996）の「森林の百科事典」では「海岸に沿って成立している森林」，近田（2001）は「海岸林を海岸砂地に発達する森林だけでなく，岩場の森林やマングローブ林を含めた広い意味の海岸林を考えたい」，中島（2008）は「海岸の塩風の下で成立している森林で，天然成林にあっては，内陸と組成内容を異にする森林」，林田（2011）は「海岸の塩風の環境のもとで成立している森林群落で，それには砂丘地だけでなく，丘陵・崖地に成立する森林を含み，天然成林では内陸とは組成や構造が異なる森林」としている。これらをまとめると海岸林とは少なくとも「松原」という範囲では収まらないことがわかる。大事なポイントは中島の

写真 1-1　海岸林の例

真鶴半島御林（おはやし）（神奈川県真鶴町）

クスノキやスダジイなどを主体とした崖部の広葉樹林

大岐海岸（高知県土佐清水市）

前線部にクロマツもみられるが，多くはタブノキやクスノキといった広葉樹が主体

高田松原（岩手県陸前高田市）

2011 年の津波で消失する前の状態。クロマツやアカマツによって構成された松林だった

写真1-2　マングローブ林（沖縄県東村慶佐次）

述べている「塩風の下で成立している森林」と林田が述べている「天然成林では内陸とは組成や構造が異なる森林」という表記である。海岸林の成立する海岸部と他の場所との一番の違いは空気中の「塩分」である。塩分は植物の生育に非常に大きな生理的ストレスとして影響を及ぼす要素で，もっと言えば植物にとっては一番の大敵の1つである。その塩分の多い植物にとっては非常に厳しい環境の中で耐えることができる植物によって成立する森林が海岸林である。そして塩分に強く（耐塩性が強い），土壌養分の少ない砂地（砂浜）でも生育可能である高木の代表格がマツ（クロマツ）であり，結果として「白砂青松」と呼ばれる「松原」が成立する。よって崖地に広葉樹で成立する海岸林もあれば，砂浜であってもマツ以外の樹木からなる海岸林も存在するのである（写真1-1）。中島（2008）はこれにマングローブ林（写真1-2）を加えて海浜林（砂丘林，浜堤林，砂嘴林，砂州林），海崖林（比較的自然林が残されている），汽水林（マングローブ林）に大別している。

今回のような保全管理活動の対象となる海岸林は，そのほとんどがクロマツやアカマツといったマツで成立した平地海岸林，いわゆる「松原」である。そのため一般の人々は海岸林という呼称ではなく松原という呼称を多用する。日本人とマツとのつながりは非常に古く，日本最古の歴史書である「古事記」では倭建命（やまとたけるのみこと）がマツをうたった歌があり（有岡，1993），この時代からマツが畏敬の念を抱く対象として人々と深いつながりをもっていることがわかる。そのマツは海岸において多く見られ，内陸への飛砂や飛塩を防ぐことからも重宝され，わざわざマツを植栽して松原をつくり出してきた歴史もある。本書では海岸林の保全管理活動に焦点を当てていることから，以降で述べる海岸林の多くはこの「松原」を指す。

2 海岸林の成立

日本の海岸林について，記録としては８世紀頃からみられ歴史は非常に古い。ただしその構成及び造成及び管理によって図表1-1のとおり４つの時代に分けることができる。ここではそれぞれの時代に分けて海岸林の成立の歴史について紹介する。

a）江戸時代以前

海岸林の記録として最も古いものとしては，704年（慶雲年代）に記された「常陸国風土記」が挙げられる。ここでは若松浦（現在の茨城県神栖市波崎地区周辺）などに禁伐としたマツ山があったと記されている。また同時期に編纂された「出雲国風土記」では薗の松山と名付けられた場所が記されており，「薗(その)」とは砂丘のことを指すことから，松原の海岸林を指していると考えられる。そして７～８世紀の「万葉集」においても海岸のマツを詠んだ歌が多くみられ，奈良時代を代表する歌人である山上憶良は歌の中で御津の松原（現在の大阪府大阪市中央区付近）を題材として歌っており，万葉集においてはマツを題材とした歌が76首（ウメに次いで第２位），そのうちの1/3が浜辺，島，崖など海岸のマツを詠んだ歌とされる。そして13～17世紀は製塩と戦乱，海岸線の前進と後退によって砂浜の海岸林（海浜林）が大きく荒廃した時期でもあり，特に製塩について，製塩は海水を煮詰めて塩をとる方法がおこなわれ，その際に使用する薪材として海浜に存在した製塩所の近くにある松原のマツが伐採，使用された。マツ薪は樹脂が多いため火力が強いことからも好まれ，場所によっては木の根まで掘り起こされ燃料として使用されていた。この時代はまだ海岸の砂地にマツ林をつくる技術は生まれておらず，この頃のマツ林は自然

図表1-1　海岸林の歴史

時代	年	事項	内容	特徴
江戸以前	704年（慶雲年代）	常陸国風土記（ひたちのくにふどき）	常陸国若松浦 マツ山の伐採禁止	自然にあった海岸林の活用・保護
	7～8世紀	万葉集	海岸のマツを詠んだ歌 御津の松原	
	1580年頃（天正年代）	植栽をした史実	千本松原（静岡県沼津市）	農地開発・防災を目的とした海岸林造成
	1598年（慶長3年）	伐採の禁制（石田三成）	千代の松原	
江戸	藩政時代	海岸林の造成が積極化	全国各地で実施	
明治大正	1897年	砂防法，森林法の制定	国費による海岸砂防事業	国が介入した海岸林の発展
	1921年	諸戸北郎『理水及砂防工学海岸砂防編』	日本の海岸砂防の原点	
戦後	1953年	海岸砂地地帯農業振興臨時措置法		海岸林の再発展
	1960年	治山治水緊急措置法		

によって形成された海岸林であったことから，主に禁伐といった保護が行われていた。千代の松原（現在の福岡県福岡市箱崎地区）は箱崎の御神木として厳重に伐採を禁じており，1598年（慶長３年）には石田三成が禁制を発したといわれている。

そして16世紀になると海岸林（マツ林）の植栽による造成の記録が出始め，史実として最も古い事例は静岡県沼津市の千本松原であるといわれている。千本松原は1537年（天文６年）から４年をかけて増誉上人が念仏を唱えながら1,000［本］のマツを植えたことが始まりであると伝えられている。天正時代（1573～1591），戦国大名の武田勝頼は北条氏政を攻めるにあたって，敵の伏兵を恐れてその地のマツ林の多くを伐採した。その結果当地では潮風によって多くの田畑や居住地が悩まされたため，改めてマツ苗を植えたという記録が残っている。

b）江戸時代

藩政時代になり，海岸のマツ林を禁伐林に指定してマツの植林をする海岸林の造成が本格的に始まった。具体的には港湾や河道の閉塞の原因である飛砂防止や防風や防潮等を目的とし，特に17世紀半ば～18世紀半ばには後背地の新田開発による耕地の確保と合わせて全国の砂丘地へのマツの植栽が積極的に行われた。植林は当初は藩主自らが指揮をとったりと藩が主導での海岸林の造成が行われ，福島県の新舞子浜では磐城平藩の藩主であった内藤政長，新潟県では越後長岡藩の藩主であった堀丹後守直寄，佐賀県の虹の松原では唐津藩の藩主であった寺沢広高志摩守などが率先して海岸林を造成した。しかし元禄時代（1688～1704年）になると幕府や藩の財政が窮乏し，新田開発とあわせて在郷の有力者や城下や商業都市の商人に植林を命じるようになり，秋田県の能代市では能代町の庄屋であった越前屋久右衛門と船問屋であった越後屋屋太郎衛門が，鳥取県では船越作左エ門及び甥の次郎右衛門，島根県では澄田甚九郎と大梶七兵衛などが海岸林を造成した。彼らにとっての海岸林造成とは「新田開発によって自分の資本を土地に転化して地主となる契機」，「その成功いかんによっては名字帯刀を許される栄誉が期待できる好機」でもあった。また小田（2003）はこの時代としては異例な先進技術の事例として寛文年間（1661～1672年）に出雲国神門郡（現在の島根県出雲市）の上級武士であった大梶七兵衛の植林事例を紹介している。大梶は藩より許可を得て開拓墾田の業をなすためにマツの植林を行ったが，その手法は現在の堆砂垣工法と同じ方法で芝粗朶（そだ）の垣を立てて砂を堆積させることを繰り返して人工砂丘をつくり，砂丘の裏側にはアキグミを植栽して砂地を安定させ，根を粘土でくるんだクロマツの苗木を植えるというものであった。そして植栽したマツがある程度大きくなったら，その内陸側に再び同様の垣を立てて人工砂丘をつくりマツを植栽することを繰り返した（図表1-2）。

c）明治大正時代

明治時代になって明治政府が成立すると，これまでの藩単位であった海岸林の造成が国全体の事業として実施されるようになり，1897年（明治30年）には

図表1-2　大梶七兵衛の植林模式図

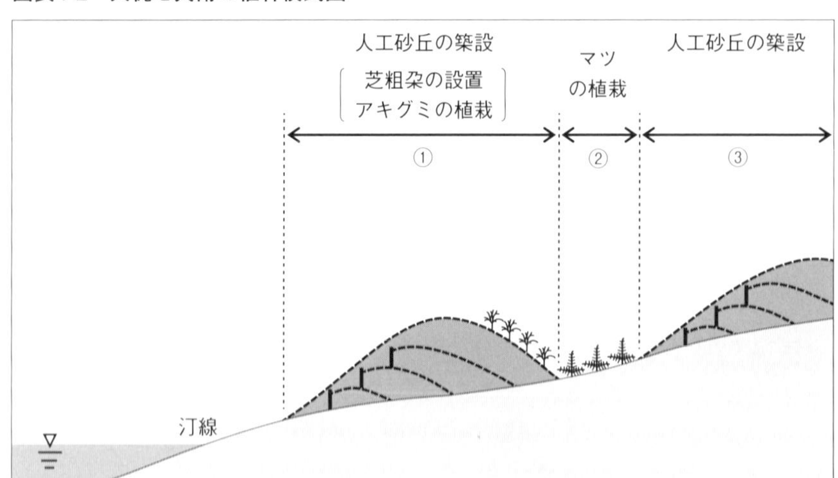

出所：小田（2003）より修正・加筆。

砂防法や森林法といった法律が制定されることで国費による海岸作業事業が行われ，また技術的にも海外の技術を導入するなどの近代的な海岸砂防事業が行われた。

諸戸北郎（1921）の「理水及砂防工学 海岸砂防編」は日本の海岸砂防に関する原点ともいわれ，書内では海岸及び砂丘の意義から始まり，砂丘の特性や砂丘の固定，前丘の築設，砂丘の造林，海岸の固定といった技術手法の紹介，国内外における海岸砂防工事の沿革として海外ではドイツとフランスの事例について報告している。そして最後に海岸砂防工事設計の実例として茨城県鹿島郡東下村（現在の茨城県神栖市波崎地区）の利根川河口付近の鹿島灘に面する海岸を紹介している。ここでは堆砂垣を設置して砂を固定することで前丘（人工砂丘）を築設して飛砂を抑制しながらその後方に静砂垣を設置すると共にマツを植栽しており（図表1-3），この手法が全国各地において行われていった。そして1940年の「海岸砂丘造林法」，富樫（1939）の「日本海北部沿岸地方に於ける砂防造林」といった現在の海岸林造成の基となる書籍も発行されるなど，現在の海岸林造成技術の基礎がこの時代に成立した。

図表1-3　東下村における海岸砂防工事設計（模式図）

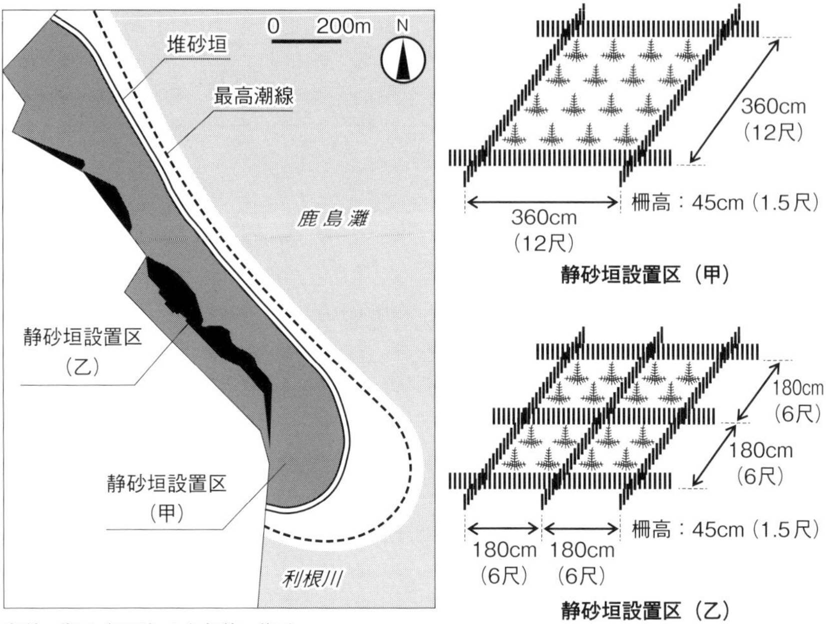

0　200m
N
堆砂垣
最高潮線
鹿島灘
静砂垣設置区（乙）
静砂垣設置区（甲）
利根川

360cm（12尺）
360cm（12尺）
柵高：45cm（1.5尺）
静砂垣設置区（甲）

180cm（6尺）
180cm（6尺）
180cm（6尺）　180cm（6尺）
柵高：45cm（1.5尺）
静砂垣設置区（乙）

出所：諸戸（1921）より加筆・修正。

d）太平洋戦争以後

20世紀になって太平洋戦争が始まると作業事業も一時中断し，軍部によって各地の海岸林が伐採されるなどして海岸林も荒廃した。その結果海岸近くの地域は再び飛砂と砂丘の移動に悩まされることとなり，砂丘地自体の砂耕地としての利用熱の高まりも相まって改めて海岸林造成を含む砂防事業の要望が強くなった。そこで政府は1953年（昭和28年）に「海岸砂地地帯農業振興臨時措置法」を制定した。この法律では，海岸砂地地帯に対し潮風または飛砂に因る災害の防止のための造林事業及び農業生産の基礎条件の整備に関する事業をすみやかに且つ総合的に実施することによって，当該地帯の保全と農業生産力の向上を図り，もって農業経営の安定と農民生活の改善を期することを目的とし，農林大臣が指定した海岸砂地地帯において都道府県知事が農業振興計画を定め，政府がその計画に必要な経費を予算に計上する。農業振興計画は，

一　防災林の造成，改良及び維持管理に関する事項

図表1-4　海岸林造成の事業実績（1932～1975）

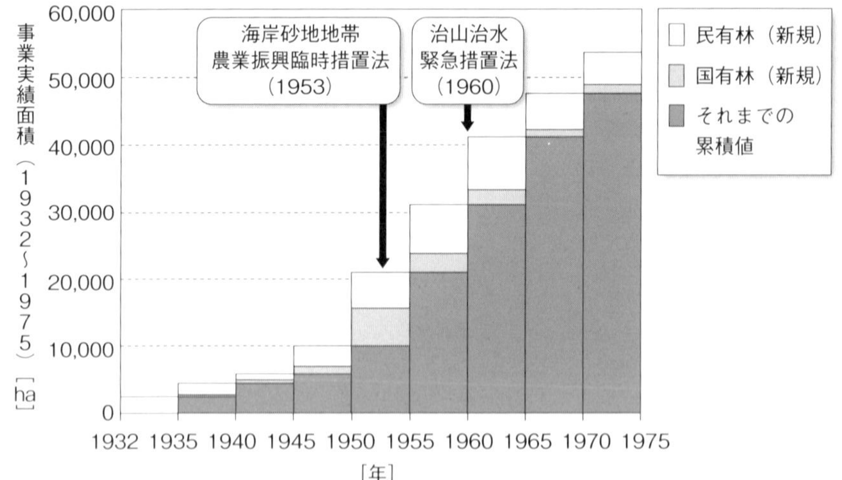

出所：村井ら（1992）より作成。

二　農地の造成，改良及び保全に関する事項

三　農業用道路その他農地の利用上必要な施設の整備に関する事項

四　農畜産物の生産，加工，販売その他処理についての共同施設の整備に関する事項

五　農業技術の改良，農業経営の合理化及び農民生活の改善に関する事項

の5つの事項を含むこととなっており（第5条），海岸林の造成・改良・維持管理が最重要項目の1つとして位置づけられた。この法律は時限立法だったものの，1968年に改正され，1971年（昭和46年）3月まで適用された。そして1960年（昭和35年）には「治山治水緊急措置法」が制定され，森林法に規定する保安施設事業（保安林の造成及び維持に必要な事業）の補助が国からされるなど，全国各地において海岸林の造成が積極的かつ大規模に実施された。この時期の海岸林造成の事業実績の変遷を図表1-4に示す。現在の各地の海岸林でみられるマツの多くはこの戦後に植栽されたものであり，樹齢が非常に古いマツや成立時代が古い海岸林は時代の変遷の中で消滅と再植林が繰り返されたものの一部であると解釈してもらいたい。

このように海岸林の成立の歴史は非常に長く，造成と維持，破壊と荒廃，そして再生を繰り返してきた「文化」の賜物であり，その文化は日本人の歴史・

図表1-5　日本三景と日本三大松原の位置

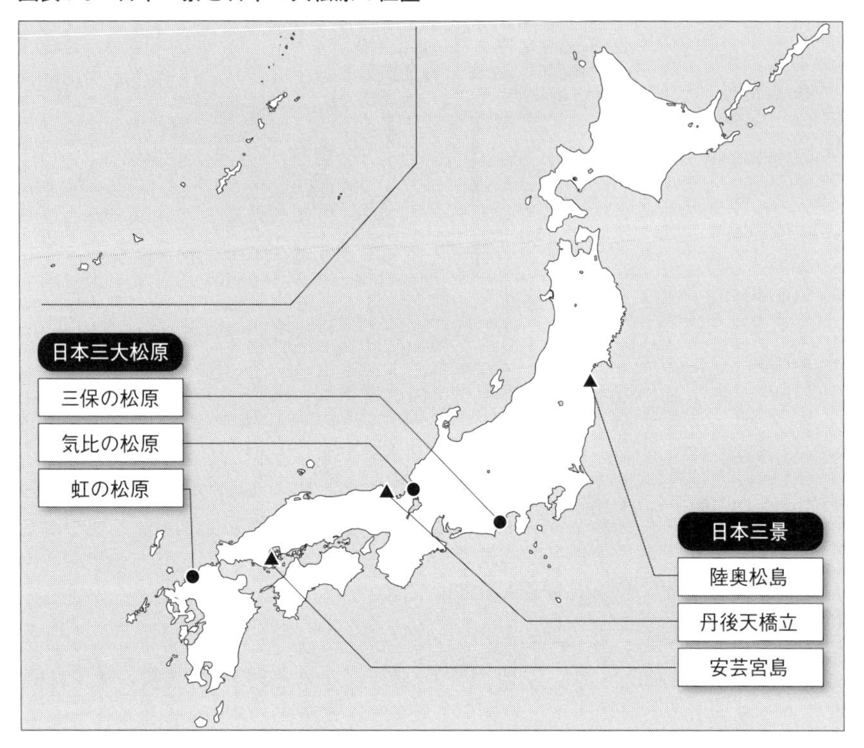

文化と深い関わりを持ち続け「共生」してきたことがわかる。

3 海岸林の分布

島国である日本は約34,000［km］に及ぶ海岸線に囲まれていると共に，国土面積の約7割が森林である。いずれも日本人にとっては非常に馴染みが深いものであり，「日本三景」である陸奥松島，丹後天橋立，安芸宮島（図表1-5，写真1-3）はいずれも海岸部の景観であり，そのうち天橋立は砂州（さす）上にクロマツの海岸林が，陸奥松島も多くの島にはアカマツやクロマツの林が成立している。そして多くの海岸林は人々の文化・生活と大きくかかわりを持っており，固有の名称が付けられて親しまれているものも多い。その代表が特に景勝

写真1-3　日本三景と日本三大松原

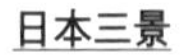

日本三景

日本三大松原

陸奥松島（宮城県）

三保の松原（静岡県）

丹後天橋立（京都府）

気比の松原（福井県）

写真提供：藤原圭汰氏。

安芸宮島（広島県）

虹の松原（佐賀県）

図表1-6　日本の松原

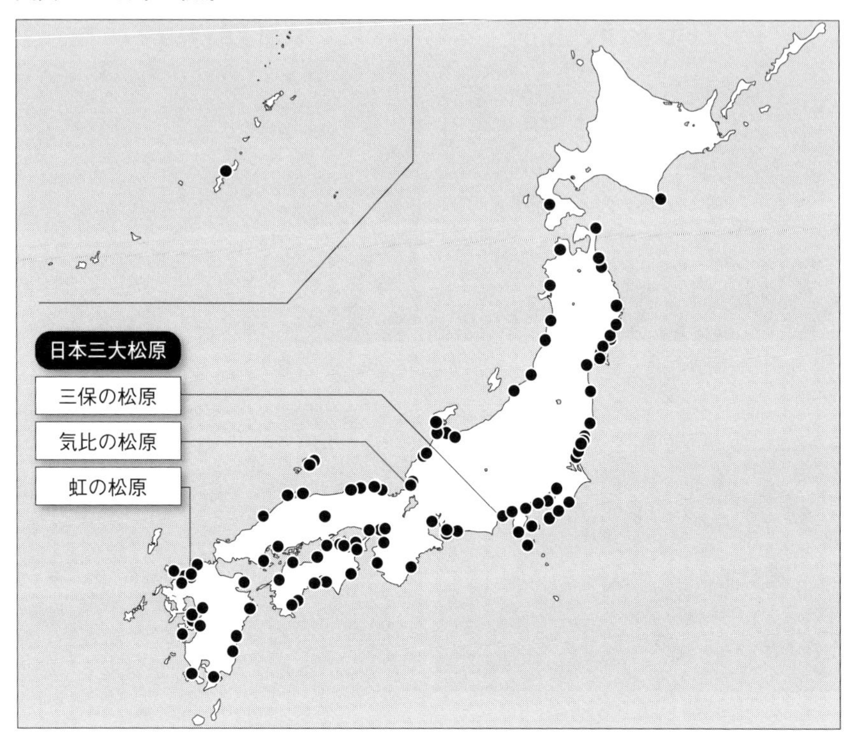

地として評価された「日本三大松原」と呼ばれる静岡県の三保の松原，福井県の気比の松原，佐賀県の虹の松原である（図表1-5，写真1-3）。

海岸林は日本全国に分布し，北は北海道のエゾマツを主体としたものから南は沖縄県のモクマオウを主体としたものまで構成樹種も多様である。松原に限定した場合，分布の指標の１つとして「㈳日本の松の緑を守る会」が1996年に発行した「日本の白砂青松100選」及び「㈶日本緑化センター」が2007年に発行した「身近な松原散策ガイド」で紹介されている海岸林の分布をみると，図表1-6のとおり，北海道の襟裳岬から沖縄県の仲原馬場（日本の白砂青松100選の場合の最南端は鹿児島県のくにの松原）で，東日本西日本，太平洋側日本海側を問わず分布していることがわかる。

図表1-7　海岸林の持つ多面的機能

区分	機能	その他機能
防災機能	飛砂防止機能　津波減災機能　海岸浸食防止機能 潮風害防止機能　防霧機能	生物多様性保全機能 CO_2固定（吸収）機能 魚つき機能 航行目標 など
保健休養機能	景観向上機能　レクリエーション機能 森林セラピー機能　環境教育機能	
資材資源供給機能	廃材材料利用　食材の生産	

4 海岸林の果たす機能

前述のとおり日本の森林は国土の７割を占め，地域の環境や人々の暮らしと非常に密接な関係を築き上げている。人や地域は森林の成立に影響を与え，森林は人や地域に様々な影響を与えている。後者は「森林の持つ多面的機能」や「生態系サービス」と呼ばれており，その影響（効果）は実に様々である。海岸林も他の森林と同様に人や地域に多くの多面的機能を提供しており，長い歴史の間その恩恵を受けてきたことも前述の通りである。ここではその「恩恵」である海岸林の多面的機能について紹介する。海岸林の持つ多面的機能は実に多様であり，ここではそれら機能を防災機能，保健休養機能，資材資源供給機能に大別し，それら代表的な機能について紹介する。なおここでの大別は地域住民が抱く多面的機能の評価の区分（潜在評価尺度）によるもの（岡田ら，2015）で，各機能と評価の区分の一覧を図表1-7に示すと共に，住民による多面的機能及びイメージ評価については第７章にて後述する。

a）防災機能

本来，海岸林は防災機能を主要な目的として造成されたものであり，現在も求められている非常に重要な機能である。日本は周囲を海に海に囲まれた島国であり，海からの恩恵は計り知れないものの，その一方では海からの脅威も多い。この海からの脅威に対応すべく，海岸林の持つ以下の機能を活用している。

写真1-4　サイクリングロード（神奈川県湘南海岸防砂林）

(1) 飛砂防止機能

海から運ばれてくる砂の発生源（供給源）は山地であり，急峻な山地が多いのも日本の国土の特徴の１つである。山地で発生した土砂は川によって海まで運ばれる。そして海流（沿岸流）によって陸地に戻され，海岸線近くの陸地に打ち上げられる。打ち上げられた砂は平地部の海岸林において「白砂青松」としての非常に素晴らしい景観を形成する重要な要素の１つとなるが，海岸部の背後にある人家や農地をはじめとする生活空間には多大な悪影響を与える場合が多い。海から運ばれてくる砂は直径（粒径）が2～0.0625［mm］の粒子であり，粒経が大きなものは地表を転がるように進み（回転運動，匍行運動），粒経が小さくなるにつれて跳ねながら進んだり（跳躍運動）空中を浮遊して進んだりする（浮遊運動）。この砂の移動現象が飛砂と呼ばれ，松原の成立する砂浜平地部は地形的にも飛砂が発生しやすい。発生した飛砂は同じ海からの強風により，その飛行速度は秒速で数十［m］にもなる。それらは海岸部の視程障害の大きな要因となり，近年よくみられる黄砂と同様の視界不良の原因になることもさながら，石英といった鉱物を含む砂の高速での衝突は構造物を研磨することとなり，車のガラス窓などを傷つけることによる視界不良も引き起こす。そしてこの飛砂によって運ばれた砂は海岸部背後の人家周辺や農地まで飛来し，人家では室内に砂が入る，洗濯物や車に砂が付く，窓のレールに付き窓が開かなくなるといった被害が発生する（朝日新聞，2012)。また飛来した砂は道路や農地にも堆積し，農作物が砂に埋もれて生育できなくなったり，海岸近くのサイクリングロードなどでは走行が不能になったりする場合もある（写真1-4)。海

写真1-5　堆砂垣（静岡県遠州灘）

岸林にはこれら飛砂の発生の抑制及び捕捉する効果があり，堆砂垣や静砂垣などを併用したりして背後の人家や農地をはじめとする生活空間への砂の移動や堆積を軽減している。

飛砂の発生の防止や飛砂量の軽減をするためには，

⑴ 風速を低下させる

⑵ 砂地の表面の含有水分量の低下を防ぐ

⑶ 飛砂粒子の移動を遮断・捕捉する

⑷ 上の３つの条件を長期間かつ不断で発揮する

という機能が発揮できることが求められる。海岸林の前部に設置されることが多い堆砂垣（写真1-5）は主に⑶の機能を主体として⑴の機能を兼ね備えた施設で，静砂垣は⑴によって飛砂の発生を防ぐと共に背後の海岸林の生育を補佐する役割を持つ施設である。いずれも長期的（恒久的）というよりも一時的な飛砂防止施設という意味合いが強い。それに対して海岸林は⑴～⑷のすべての条件を満たしており，⑴と⑶では樹高の高い樹木と幅のある林帯によって広範囲の風速の低下と飛砂粒子の移動の遮断や捕捉を行い，⑵では樹木や草本といった植物によって林内の湿度が維持されることで土壌表面の水分含有量を維持し，⑷は森林が成立することによって長期間かつ不断での効果が期待できる。一般的に飛砂量は「風速の３乗に比例する」といわれており（中島，2008），風速が２倍になれば飛砂量は８倍，風速が３倍になれば飛砂量は27倍に増加する。逆に風速が1/2になれば飛砂量は1/8，風速が1/3になれば飛砂量は1/27に減少するということであり，海岸林によって風速を減少させることは飛砂量を大幅に減少させることとなる。

(2) 防風・潮風害防止機能

海から来るのは砂だけではなく強風や塩分もある。海岸部に吹く風は「海陸風」と呼ばれ，簡単に述べると陸部と海部とでの表面温度の差（日中は陸部の表面温度が高く，夜間は海部の表面温度が高い）から発生する気流の動きで，これが狭い範囲で隣接する海岸部では周辺の地域よりも強い風（主に日中は海→陸方向，夜間は陸→海方向）が吹く。この強風によって上記の砂だけでなく，海水に含まれる塩分も運ばれる。これは海面で気泡が破裂するなどによって生成された海水滴やその水分が蒸発することによって発生する。この塩分を含む風は潮風と呼ばれ，潮風によって塩分が運ばれることを飛塩と呼ぶ。これら潮風は一般に海岸から５［km］程度までとされているが，地域や台風などによっては50～100［km］離れた地域にまで及ぶ場合もある。潮風によって運ばれた塩分は海岸部の背後にある構造物や農作物に深刻な被害を与える。農作物への被害は作物（植物）への塩分の付着及びそれに機械的損傷が加わって発生する浸透圧の変化といった生理機能の阻害による落葉や枯死のほか，農作物の塩分付着による変色による商品価値の低下なども挙げられる。構造物への被害としては金属部分への塩分の付着による腐食や錆の発生のほか，電線等への塩分の付着による電気伝導度の変化（塩は電気を通しやすくする性質を持つ）による電線の発火被害などもある。他にも地域観光への間接的な被害も例として挙げられ，2018年の９月末に日本を縦断した台風24号による塩害によって，千葉県の養老渓谷では渓谷沿いのモミジが11～12月の紅葉シーズン前に茶色に変色してしまったほか，千葉市の美術館では園内のコスモスの約2/3が枯れてしまった（毎日新聞，2018）。これら塩害を軽減するためには強風の軽減（防風）と空気中の塩分（海塩微粒子）の捕捉濾過という機能が求められるが，海岸林は林帯による防風機能と塩分捕捉濾過が期待でき，防風垣や防風網なども併用してその効果を発揮する。他の防風施設と比べた場合，海岸林は施設高（樹高）が高い，面的な広がりを有する，永続性が極めて高いといった特徴が挙げられる。塩分の捕捉の仕組みについて説明すると，樹木は枝や葉の表面に付着させること

図表1-8　林帯を通過することによる風速と付着塩素量の変化

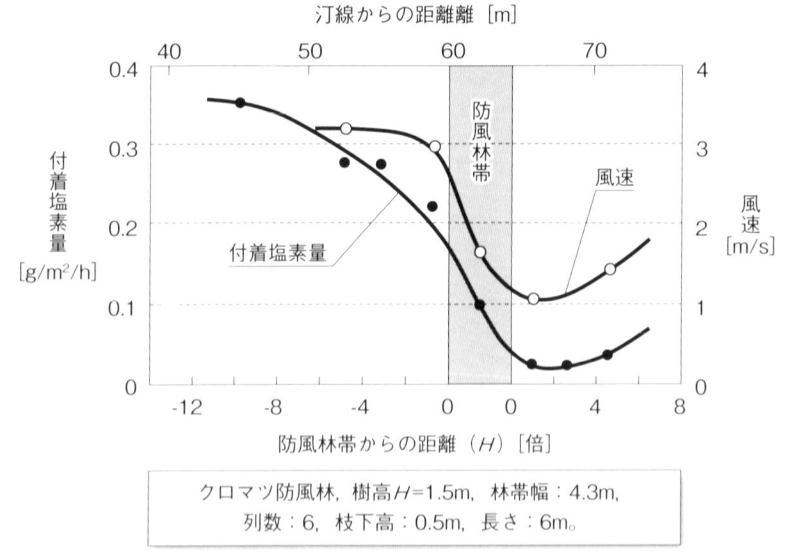

出所：村井ら（1992）より加筆・修正。

図表1-9　林帯を通過することによる風速の変化

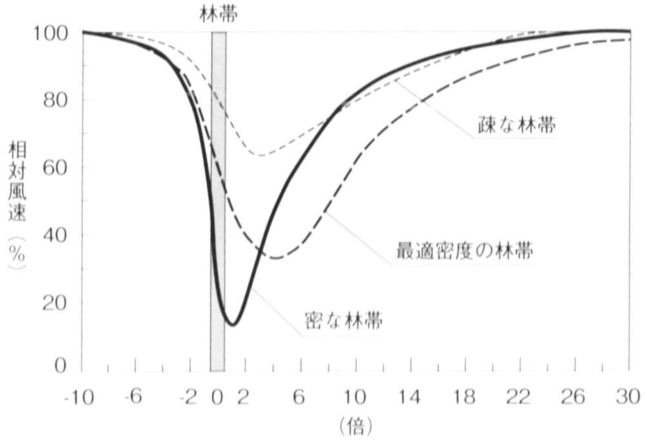

出所：村井ら（1992）より加筆・修正。

図表1-10　林帯周辺の風の流れ（模式図）

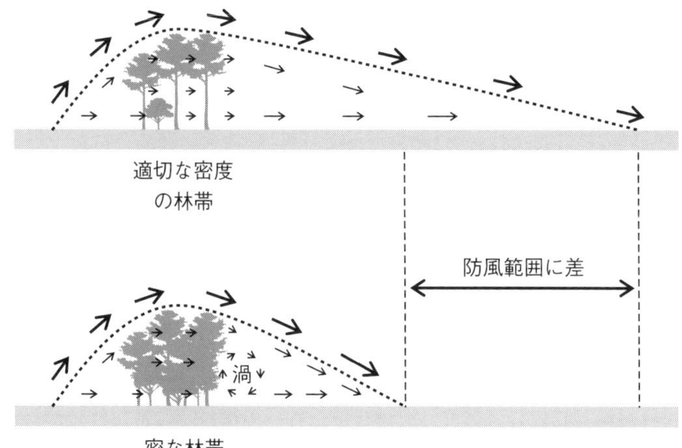

出所：村井ら（1992）より加筆・修正。

によって塩を捕捉するが，一般に広葉樹よりも針葉樹の捕捉能力が高いとされる。これは葉の形状からくる葉の表面積の違いによるもので，クロマツに代表される針状の葉は毛足の長い「ブラシを密生させた塩分捕捉器」ともいえ，広葉状のものより約３～35［倍］も多く捕捉する筋力を有するといわれている。

林帯の防風の効果がみられる範囲は一般に風上側に－5H（海岸林の樹高Ｈの５倍）から風下側に20H（海岸林の樹高Ｈの20倍）で，その範囲内において塩分の濾過効果もみられるとされている（図表1-8，1-9）。なおその林帯の密度は密であるほど効果が高いという訳ではなく，壁のように高密度な森林では林帯直後の防風効果は強いもののその回復も早く効果の範囲が低くなってしまうほか樹林の直後に気流の渦も発生する場合があるため，適切な密度の設定が大事である（図表1-9，1-10）。

(3) 津波減災機能

海からの最大の脅威として津波が挙げられる。我が国における大規模な津波として最も記憶に新しいのは2011年３月11日に宮城県東方沖を震源としたM9.0の「平成23年東北地方太平洋沖地震」によって発生した津波である。この時は東北地方を中心として津波の流入による建物の倒壊や流失，農作物の水没や農

図表1-11　風波と津波のイメージ（模式図）

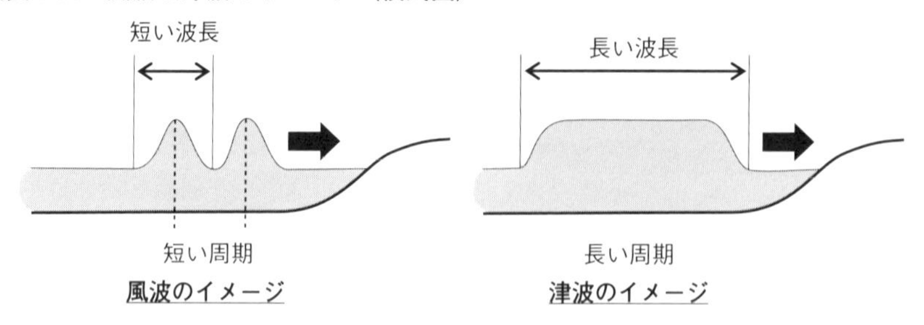

図表1-12　海岸林周辺の津波高と家屋の被害程度（宮城県石巻市長浜地区）

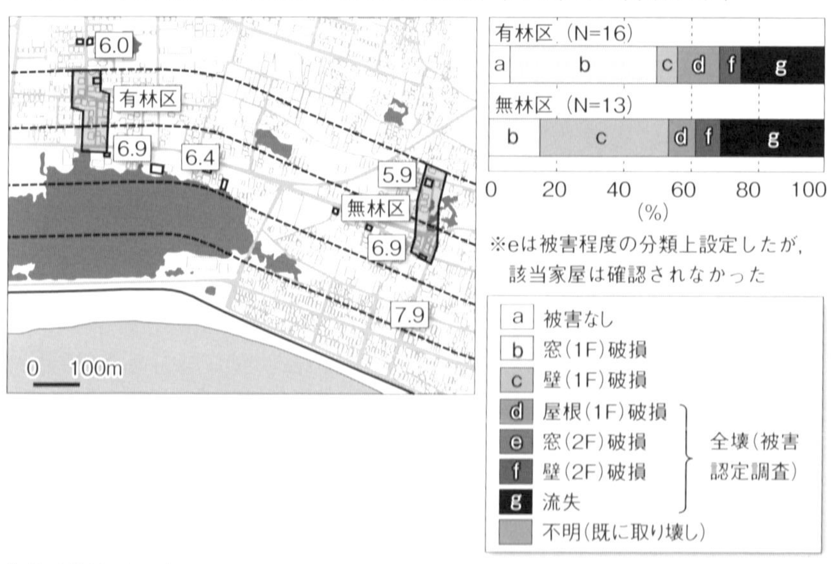

出所：岡田ら（2012）。

地の塩害，そして多くの死者や負傷者・行方不明者が出た。津波は強風時に見られる一般的な波（風波）のイメージとは異なり，波長や周期が圧倒的に長いため「洪水」的なイメージに近い。具体的には高さ５［m］の風波は岸辺では「水位が５［m］まで上がるがすぐに下がる」イメージ，高さ５［m］の津波は，その高さで海水が押し寄せてしばらくはその高さのままで岸部では「水位が５［m］まで上がりそのまま５［m］がしばらく続く」イメージに近い（図表1-11）。

海岸林の持つ津波減災機能はあくまで「減災」であり，津波を「防ぐ」という訳ではない。具体的に海岸林によって維持された砂丘によってその砂丘高より低い津波は背後への浸入を止めるが，2011年のような想定外の大きな津波の場合には海水は砂丘を越流して陸地へ流入し，その背後は浸水する。それでも「減災」とするのは，その津波の勢い（エネルギーや速さ）を弱める効果である。図表1-12は2011年の宮城県石巻市長浜地区における主な地点での津波高（痕跡より推定，単位は［m］）と有林区（海岸との間に海岸林がある）と無林区（海岸林との間に海岸林がない）における被害程度を比較した図であるが，津波の浸水高はいずれも同じであるものの被害の程度には違いがあり，波力（波の勢い）を海岸林が軽減した（波力減衰機能）ことが一因であると考えられる。この効果を含め，海岸林の津波減災機能は，

① 津波の波力減衰
② 漂流物の移動阻止
③ よじ登ってすがり付く
④ 流された場合のソフトランディング
⑤ 海岸部の開発防止

に大別される。①は前述のとおり，②は海岸部の防波堤及び防潮堤，漁船などが内陸側へ流入することの物理的な阻止で，青森県八戸市において実際に漁船の流失を海岸林内でとどめたほか，上記の石巻市長浜地区においても津波によって破壊された防潮堤の瓦礫を海岸林の前縁部で止めている（写真1-6）。③は津波が訪れた際，近隣に高さがある避難場所がない場合に樹木によじ登って一時的に避難，④は津波に飲み込まれ流された場合に内陸側の樹木等に引っかかることによって波から抜け出すといった役割で，2004年のインド洋大津波が襲ったスリランカでの聞き取り調査で聞かれた（Okada，2009）。⑤は海岸林自体が存在することで海岸部の土地利用の制限をすることで，海岸林が無ければ存在したと思われる構造物が津波によって破壊された瓦礫が内陸側に流れて更なる被害（二次的災害）を未然に防ぐという効果である。

b）保健休養機能

森林の保健休養機能は防災機能や資材資源供給機能のように物理的な効果を

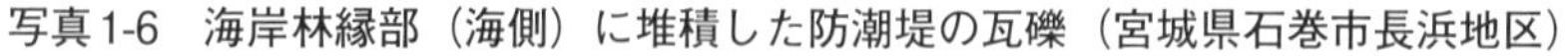
写真1-6　海岸林縁部（海側）に堆積した防潮堤の瓦礫（宮城県石巻市長浜地区）

提供するものではなく主に人の感情や感覚にうったえる心理的な機能である。しかしこの機能は近年になり注目度が高まってきており，特に日常的に恩恵を得られる機能として，強い季節風の吹く時期や台風時，津波発生時といった季節的・非日常的な機能の要素が強い海岸林においては，海岸林に親しみを抱かせて地域と海岸林との距離感（主として心理的なつながり）を縮めるのに非常に効果的かつ重要な機能であるといえ，実際に人々はこの保健休養機能に期待している傾向が強い（詳細は第７章にて後述）。

(1)　景観向上機能

海岸林の景観は「白砂青松【はくしゃ-せいしょう】」という言葉に代表されるように古くは万葉の時代から人々とのつながりが深く，愛でられてきた。海岸林の景観を表す言葉（場所）として，前述の「日本三景」「日本三大松原」のほか，「三大白砂青松」というものも存在し，岩手県陸前高田市の高田松原，福井県敦賀市の気比の松原，京都府宮津市の天橋立がそれにあたる。木村（1991）は白砂青松の景観について「富士山が孤高の山景美とすれば正に瀬戸内海は白砂青松の海景美と云える」としている。万葉集では一般的に海岸景に好意的で，その中でも特に潮が満ち引きする干潟，白砂の清い浜辺，神々しい松原などの風景に対して特別のまなざしを注いでおり，日本人には海岸のマツについて特別の思いがあった。「白砂青松」という言葉は「白砂」と「青松」の２つの熟

図表1-13　特別名勝・名勝に指定された松原

名称	文化財種類	種別	所在
天橋立	史跡特別名勝天然記念物	特別名勝	京都府
虹の松原	史跡特別名勝天然記念物	特別名勝	佐賀県
高田松原	史跡特別名勝天然記念物	名勝	岩手県
気比の松原	史跡特別名勝天然記念物	名勝	福井県
三保の松原	史跡特別名勝天然記念物	名勝	静岡県
慶野松原	史跡特別名勝天然記念物	名勝	兵庫県
志島ヶ原	史跡特別名勝天然記念物	名勝	愛媛県
入野松原	史跡特別名勝天然記念物	名勝	高知県

注：史跡特別名勝天然記念物のうち松原に関する記述がされているものを抽出。

語の混成熟語であり，「白砂」の「白」は，汚れのない，清い，明らかの意味があり，西方の色とされている。そして「青松」の「青」は，木，春，東に対応する語で，東方の色とされている。このように「白砂青松」という四字熟語は「砂」と「松」という異質の２要素が一体化し，かつ西方の「白」と東方の「青」という色彩対比の妙を発揮しており，海と白砂に映えるマツ林の美しさを讃えた言葉として日本独特の美を表現している。しかし「白砂」と「松原」は万葉の時代から風景としてとらえられていたが一体としては捉えられてはおらず，「白砂青松」という熟語が確認されるようになったのは明治時代からで，1874年に文部省が発行した地理学書である「萬国地誌略」や「日本地誌略」で確認され，明治後期になり「白砂青松」という言葉と見方が一般に広く固定していった（西田，2001）。

このような海岸林の白砂青松の景観は人々に美しい景観として評価されており，佐賀県唐津市の虹の松原，京都府宮津市の天橋立は国の特別名勝に指定されている。特別名勝は文化財保護法で規定されおり，「庭園，橋梁，峡谷，海浜，山岳その他の名勝地で我が国にとつて芸術上または観賞上価値の高いもの（第２条）」のうち「史跡名勝天然記念物のうち特に重要なものを特別史跡，特別名勝または特別天然記念物（以下「特別史跡名勝天然記念物」と総称する）（第109条）」としている。2019年現在で松原に関連した名勝を図表1-13に示す。なお天橋立は保安林に指定されていない（保護すべき対象となる田畑や家屋，道路などが付随していない），純粋に景観を愛でるだけに存在意義が与えられている「環境への対応に基づいて成立した景観」であるのに対し，他の海岸林は保安林の指定を受けている「環境への対応と役割に基づいて成立した景観」であるといえる。

この白砂青松の景観は人為的な管理によって維持されるものであり（詳細は第２章で後述），その保全管理活動によって評価が上昇する（詳細は第７章で後述）。なお海岸林の景観を考える際には「林内」「林外（浜辺）」「林外（後背地）」３つの視点，及び「近景」「中景」「遠景」の距離がある。視点について，林内は人々が最も触れる機会の多い視点であり，代表例として林内の散策路からの散策路景観が挙げられる。そして樹木の合間から海や砂浜を垣間見たり異なる林相等の景観を見たりすることもでき，シークエンス景観としての要素も強い。林外（浜辺）は砂浜と海岸林の景観を堪能できまさに白砂青松を鑑賞できる開放的で明るい景観となる。林外（後背地）からの景観は逆に海を遮られたような景観としても捉えられる場合もあり，遠景からの景観を楽しむことが多い。そして距離で考える場合には海岸林として見る要素（景観構成要素）が異なり，近景の場合には樹木単体（ディテール），中景の場合には森林の特徴（テクスチャー），遠景の場合には地形を含めての海岸林の全体像（アウトライン）が対象となる。

(2) レクリエーション機能

海の近くには多くの旅館やホテル，保養所やキャンプ場などの施設がみられるが，海岸林の周辺も同様にみられる。これは人間が感じる「五感」のうち海浜の広々とした空間や海と空の色調を視覚で，潮の香りを嗅覚で，波のリズムを聴覚で，海からの涼風や海水浴を触覚で，新鮮な魚介類を味覚で感じることができる「海岸部」としての特性に，樹木といった緑の景観や木漏れ日のさす景観を視覚で，生理・心理的にリラックス効果を与える物質の総称であるフィトンチッドを嗅覚で，そよ風によって枝や葉が擦れ合う音や鳥や動物の鳴き声を聴覚で，森林内に存在する自然物に接する触覚で，キノコを味覚で感じることができる「海岸林」の特性が加わり，心身的な健康を得ることができることからであると考えられる。特に海岸林内及びその周辺で体験できるレクリエーションとしては散策路の散策が挙げられる。多くの海岸林内には散策路が設けられており地域住民をはじめとした多くの人々に利用されている。海岸林内の散策は前述のとおり樹木の合間から海や砂浜を垣間見たり異なる林相等の景観，

写真1-7　海水浴場での海岸林の避暑としての活用（沖縄県うるま市浜比嘉ビーチ）

大木や密集した樹林，林床部に花やキノコを見たりすることもできるなど景観を構成する要素が多様で，散策を続けることでシークエンス景観を楽しむことができる。これはさらに林外の景観も体験することができるルート設定をすることで林外からみた白砂青松の景観や林内から林外，林外から林内へ移動する際の景観の変化を体験することができ，変化に富んだ散策を体験することができる。また海浜部に多い海浜林であれば，林床土壌の多くが砂で山岳地の森林（岩石が多い）と異なり転倒しづらい（マツ等の根には気をつけなければならないが）点や地形の傾斜が緩いといった地形的要素の利点も期待できる。他にもアミタケやショウロといった松原内でよくみられる食用キノコ探しやバードウォッチングといった林内でできるレクリエーションのほか，海で海水浴や海釣り，マリンスポーツをする際の避暑基地（写真1-7）といった林外でのレクリエーションの補助的な役割も期待できる。

c）資材資源供給機能

これまでの日本の森林は「林業の対象」としての意味合いが非常に強く，森林は木材をはじめとして多くの資源を人々に提供してきた。日本の森林の多くは木材をはじめとする資材資源の供給といった林業経営を主たる目的として植栽・管理されて成立したものが多いが，海岸林は前述の防災機能の発揮を主たる目的として成立しており，多くは森林法による保安林指定を受けている。その場合，樹木の伐採や家畜の放牧，下草落葉落枝の採取，土石または樹根の採掘をする場合は原則として都道府県知事の許可を受けなければならず（森林法

第34条），林業経営を目的とした森林とは性質が異なる。しかしながら海岸林も限定的ではあるものの資材資源を供給しており，資材資源供給の価値を高めて経済的な価値をもたらすことは今後の海岸林のあるべき姿の1つの方向性として非常に有効であるとも考えられる（詳細は第7章にて後述）。ここではこれまでに活用されてきた一般的な機能事例について紹介する。

まず挙げられるものとしてはマツ林を主体とした海岸林において発生する落葉落枝類である。マツの落葉落枝及び松かさ（松ぼっくり）は樹脂油分を多く含み火力が強いことから，燃料資材としての需要が高かった。過去の歴史においてもマツの伐採は禁止しているものの落葉落枝の採取については許可していることが多く，佐賀県の虹の松原では住民が日常生活の燃料として利用するために，唐津藩に税（年貢）を支払うことによってマツ葉採取の許可を取っていた。また当林では太平洋戦争時に航空機の燃料として活用すべく試験的に松脂を採取したといわれる跡が現在も残されている。次に挙げられるものとしてはアミタケやショウロといった食用キノコである。アミタケがみそ汁や煮物，鍋物の具材として活用されるほか，ショウロは吸い物の高級具材として知られている。これらキノコは砂の層に菌糸層をつくりクロマツやアカマツと共生する菌根菌類で，表土が砂地で維持されることによって成立する。

まとめ

このように海岸林は全国に幅広く分布し，特にマツで構成された松原は古くから人々との関わりのある森林であり，この海岸林と良好な関係を築く（身近な距離感を持つ）ことで多くの恩恵を受けることができる。そのためには海岸林の保全管理活動が必須であり，今後も活動を継続・発展させるにあたって活動への企業の参入は海岸林側からみると非常に有効であり，海岸林を共通の社会資本として評価し，共同管理体制を構築するための基礎情報を整理するために現状を調査することが必要である。本書ではその事例調査対象地として山形県の庄内海岸砂防林，鳥取県の弓ヶ浜海岸林，佐賀県の虹の松原に注目し，ヒアリング調査や文献調査等を実施し，他の海岸林での事例調査等についても整理した（図表1-14）。この3箇所は全国的にみて積極的に保全管理活動を実施していたり，実際に企業を巻き込んでの保全管理活動を実施したりしている先進

図表1-14　本誌で紹介される主な海岸林の位置

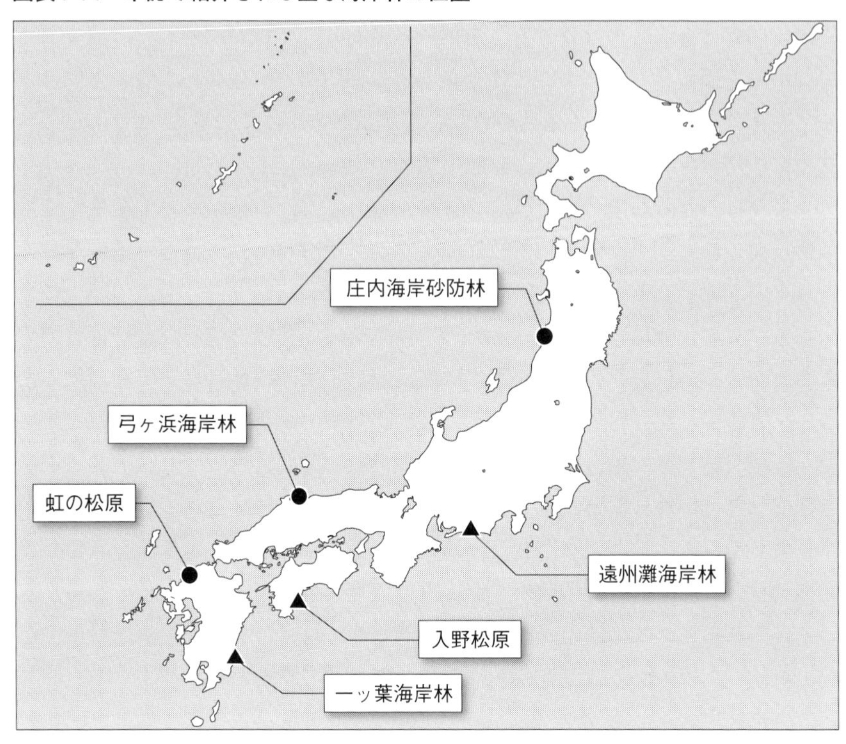

的な事例地である。以降の章（とくに第３章〜第５章）ではこの事例地で現在どのような活動が行われており，どのような利点や課題，問題点を抱えているかを把握した。

［引用・参考文献］

Minoru Okada, Tomoki Sakamoto, Mitsuhiro Hayashida, Shoji Inoue, Atsushi Yanagihara, Isao Akojima, and Yuhki Nakashima（2009）The damage caused by the 2004 Indian Ocean tsunami and the mitigating effects of the mangrove forest against the tsunami —A case study of Medilla, southern Sri Lanka—, Journal of the Japanese Society of Coastal Forest 7（3）, pp.7-13.

朝日新聞（2012）「飛んだ迷惑，浜の砂県，1.8万立方メートル除去　芦屋港周辺／福岡県」2

月14日朝刊，北九州版，p.33。
有岡利幸（1993）『松と日本人』人文書院，p.246。
太田猛彦・北村昌美・熊崎実・鈴木和夫・須藤彰司・只木良也・藤森隆郎編（1996）『森林の百科事典』丸善，p.826。
岡田穣・佐藤亜貴夫（2015）「地域住民による海岸林の多面的機能およびイメージ評価からみた今後の海岸林保全の方向性の把握」『平成27年度日本海岸林学会金沢大会講演要旨集』平成27年度日本海岸林学会金沢大会実行委員会，pp.10-11。
岡田穣・野口宏典・岡野道明・坂本知己（2012）「平成23年東北地方太平洋沖地震津波における家屋損壊程度からみた海岸林の評価―宮城県石巻市長浜の事例―」『海岸林学会誌』11（2），日本海岸林学会，pp.59-64。
小田隆則（2003）『海岸林をつくった人々―白砂青松の誕生』北斗出版，p.254。
木村三郎（1991）「白砂青松考―その造園史的意義について」『造園雑誌』54（5），日本造園学会，pp.37-41。
近田文弘（2001）「日本の海岸林の現状と機能」『海岸林学会誌』1（1），日本海岸林学会，pp.1-4。
近田文弘（2000）『海岸林が消える!?』大日本図書，p.189。
財団法人日本緑化センター（2007）『身近な松原散策ガイド』財団法人日本緑化センター，p.124。
社団法人日本の松の緑を守る会（1996）『日本の白砂青松100選』日本林業調査会，p.100。
篠原修編（2007）『景観用語事典 増補改訂版』彰国社，p.355。
富樫兼治郎（1937）『日本海北部沿岸地方に於ける砂防造林』秋田営林局，p.198。
中島勇喜（2008）『海岸林の機能と現状』山形大学東京サテライト，11月30日。
中島勇喜・岡田穣 編著（2011）『海岸林との共生』山形大学出版会，p.218。
西田正憲（2001）「瀬戸内海における海岸景の変遷」ランドスケープ研究64（5），pp.479-484。
沼田真（1974）『生態学辞典』築地書館，p.519。
林田光祐（2011）「海岸林の定義と構造―海岸林って何？―」中島勇喜・岡田穣編著『海岸林との共生』山形大学出版会，pp.26-29。
毎日新聞（2018）「台風被害 落葉，変色，枯死…塩害で秋の行楽に暗雲」10月10日記事。
村井宏・石川政幸・遠藤治郎・只木良也編（1992）『日本の海岸林―多面的な環境機能とその活用』ソフトサイエンス社，p.513。
諸戸北郎（1921）『理水及砂防工学 海岸砂防編』三浦書店，p.214。
渡辺太樹（2006）『「虹の松原」における景観管理方策に関する研究 管理内容と景観価値との関連性』景観・デザイン研究論文集1，pp.107-114。

衆議院ホームページ，法律第十二号（昭二八・三・一六）：
http://www.shugiin.go.jp/internet/itdb_housei.nsf/html/houritsu/01519530316012.htm（2020.02.04閲覧）
衆議院ホームページ，法律第二十一号（昭三五・三・三一）：
http://www.shugiin.go.jp/internet/itdb_housei.nsf/html/houritsu/03419600331021.

htm（2020.02.04閲覧）
電子政府の総合窓口e-Govホームページ，森林法：
https://elaws.e-gov.go.jp/search/elawsSearch/elaws_search/lsg0500/detail?lawId=326AC1000000249（2020.02.04閲覧）
電子政府の総合窓口e-Govホームページ，文化財保護法：
https://elaws.e-gov.go.jp/search/elawsSearch/elaws_search/lsg0500/detail?lawId=325AC1000000214（2020.02.04閲覧）
文化庁ホームページ，記念物：
https://www.bunka.go.jp/seisaku/bunkazai/shokai/kinenbutsu/（2020.02.04閲覧）
文化庁ホームページ，国指定文化財等データベース：
https://kunishitei.bunka.go.jp/bsys/index（2020.02.04閲覧）

第2章 海岸林の保全管理論

1 保全管理の必要性

a）一般的な森林と海岸林の違い

海岸林の保全管理の話をする際，多くの方から「海岸林はなぜ保全管理が必要なの？山の森と一緒で放置しても問題ないのでは。」という話を聞く（山や里の森林も保全管理が不要な森林ばかりという訳ではないが…）。しかし多くの海岸林は前述のとおり自然に成立したものではなく，地域や人々が多くの機能の恩恵を受けることを目的として成立した人工林がほとんどであり，自然の力によって成り立った天然林ではない。よって海岸林としての多くの機能を発揮するためには人による管理による健全性の確保が必要である。そして多くの海岸林の主要樹種であるクロマツを主体とした森林を維持するためには，植生の発展過程（植生遷移）の観点から保全管理が必要となる。海浜部及び海岸林でみられる樹木・草本を事例とした植生の発展過程（植生遷移）の概念図を図表2-1に示す。最初は木も草もない裸地（無立木地）からスタートし，コケ類・地衣類，草原を経て陽樹，最終的に陰樹の植生（極相）となる。そのうちクロマツやアカマツは陽樹に位置し，遷移の「途中の過程」であることがわかる。すなわち自然の成り行きに任せると将来的にはタブノキなどの広葉樹林から成る陰樹へと遷移するため，クロマツを主体とした海岸林を維持するためには人による保全管理が必要なのである。これまでの長きにわたってクロマツの海岸林が維持できたのは塩分が多く栄養分の少ない砂地であったためと，その栄養分が少ない土壌を結果的に維持してきた人による保全管理活動の結果である。この保全管理活動は，これまで（燃料革命以前）は主に地域住民が燃料確保（松葉や落

図表2-1　海浜部および海岸林で見られる樹木・草本を事例とした植生の発生過程（植生遷移）

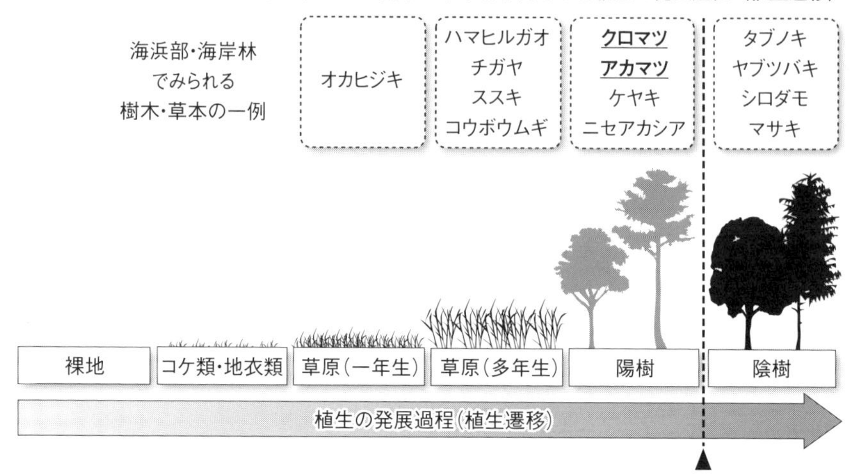

図表2-2　里山と里浜における資源の流れ

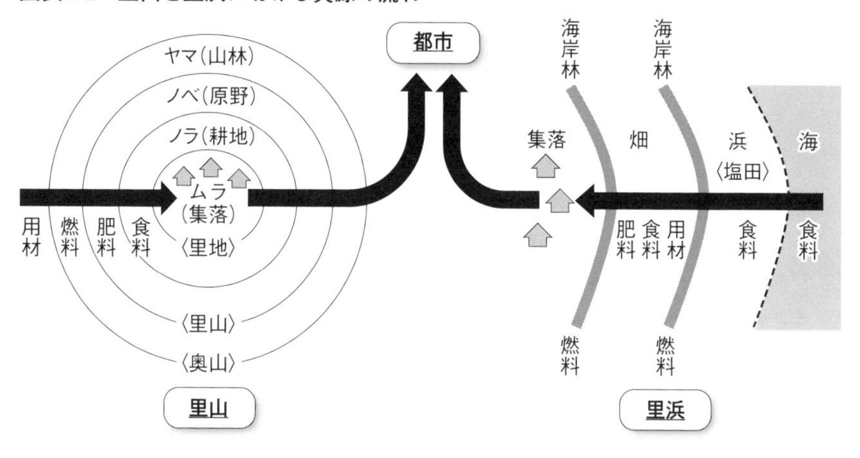

枝などを燃料として活用）を目的として行ってきたいわば「生業としての保全管理」であり，その価値を失った現在においても同様の結果を維持すべく保全管理活動が必要なのである。これらは近年多く聞かれる里山林の管理放棄による弊害及び保全管理の必要性とほぼ同様の内容である。海岸林は山地の自然林というよりむしろ保全管理が全国各地において実施されている地域の里山林に近い「里浜林」という認識が妥当である（図表2-2）。

図表2-3　クロマツ海岸林を事例とした保全管理を実施しないことによる広葉樹林化

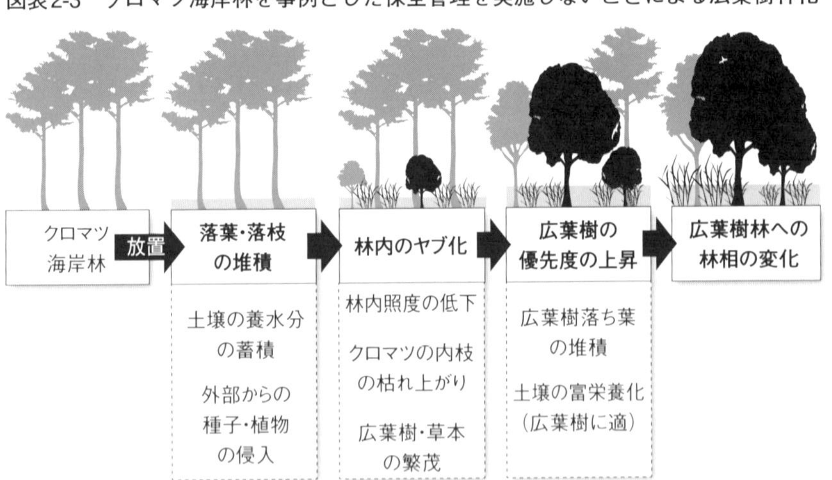

b）保全管理をしないことによる弊害

保全管理をしないことによる弊害について，クロマツ海岸林を事例とした概念図を図表2-3に示す。上記のとおり，クロマツ主体の海岸林を維持するためには遷移の進行（陽樹→陰樹）を止めることが必要であり，そのために保全管理活動が必要である。なお，ここではクロマツを主体とした海岸林の維持を前提とした話であり，海岸林を広葉樹主体とした海岸林とする場合には遷移の進行を止める必要はなく，それであれば最低限の保全管理でまかなえるかもしれない。ただし現時点では広葉樹を主体とした大規模な海岸林の事例が少なく，その林の機能の発揮程度やデメリット等の検証が不十分であり未知的な要素が多い。近田（2013）は海岸林に最も適した樹種がクロマツであるとしてその根拠等について詳細に説明している。もし保全管理活動をせずに，クロマツを主体とした海岸林を放置した場合，林床部には落葉・落枝が堆積する。これは土壌の養水分を蓄積する空間を確保することになり，これはクロマツ自身にとっても生長はよくなるものの，外部からの種子及び植物も侵入しやすい環境となる。そして外部からの種子及び植物が侵入することによって林内のヤブ化が進行，すなわち林内照度の低下及びクロマツの内枝の枯れ上がり，広葉樹及び草本の繁茂が進行する。そして広葉樹の優先度の上昇，つまり陰樹が陽樹に競争（光

図表2-4　海岸林の放置（広葉樹化）によって予想されるデメリットの例

機能	放置（広葉樹林化）によって生じる状況	放置による機能の変化
防風・潮風害防止機能	海岸林がヤブ化 ➡林内の風通しの悪化 ➡いわゆる「壁」に近い状態になる	風下側の防風効果の範囲が狭くなる ➡防風機能の広範囲での恩恵が受けられなくなる
	塩分の捕捉機能は針葉樹よりも低下 土壌による富栄養化 ➡耐塩性が強くない広葉樹の侵入	台風等によって通常時以上の塩分を浴びる ➡枯死，海岸林自体が縮小・消失
津波減災機能	クロマツは直根を深く伸ばす深根性 ➡浅根性の樹種が侵入	津波の流入時に立木状態を維持しきれない ➡倒木あるいは流失 ➡倒木の流出による二次災害が発生
景観向上機能	広葉樹林化によるクロマツ純林の消滅	日本の海岸景観の代表的な風景である白砂青松の景観の消失
	ヤブ化が進行した鬱蒼とした森林	人々が近寄り難い見苦しい景観 ➡森林内の散策等のレクリエーション機能の低下 ➡不法投棄の場や犯罪の場ともなり得る
資材資源供給機能	落葉落枝の堆積，下層植生の増加	クロマツと共生関係にあるショウロやアミタケが発生しなくなる ➡資材資源の減少または変化

合成に必要な光の獲得競争）に勝つこととなる（陽樹の発芽生長には多くの光が必要なため，後継が育ちにくい）。その結果広葉樹の落ち葉の堆積が進行し，広葉樹の生育に適した土壌の富栄養化が進行する。そして最終的には海岸林内からクロマツは消滅し，広葉樹林への林相の変化を達成することとなる。

そのような海岸林になってしまった場合，海岸林の有する多面的機能が十分に発揮されなくなることが安易に予想できる。具体例をいくつか挙げると，図表2-4のとおり防災機能のうち防風・潮風害防止機能では，まず海岸林がヤブ化することによって林内の風通しが悪くなり，いわゆる「壁」に近い状態になる。その結果風下側の防風効果の範囲は狭くなり，防風機能の広範囲の恩恵が受けられなくなる。次に塩分の捕捉機能は針葉樹よりも低下するとともに，土壌による富栄養化によって侵入してきた広葉樹はもともと耐塩性が強い種ばかりとは限らず，台風等によって通常時以上の塩分を浴びることにより枯死し，海岸林自体が縮小・消失する危険性を有している。津波減災機能では多くの広葉樹がクロマツのような直根を深く伸ばす深根性ではない樹種が多く，津波の流入時に立木状態（多くの津波のエネルギーを吸収する）を維持しきれずに倒木あるいは流失して，倒木の流出による二次災害が発生する危険性がある。保健休養機能のうち景観向上機能では，そもそも広葉樹林化によって日本の海岸景観の代表的な風景である白砂青松の景観は失われ，ヤブ化が進行することで鬱蒼とした森林となり，景観としても人々が近寄り難く見苦しい景観となる。そしてこの近寄り難さは森林内の散策等のレクリエーション機能を低下させるだけでなく，不法投棄の場や犯罪の場ともなり得るため，人々をさらに近づけなくなる。資材資源供給機能では砂地のクロマツ林であることで発生していたショウロが落葉落枝の堆積や富栄養化によって発生しなくなるなど，資材資源の減少または変化が予想される。

c）保全管理を実施することによる効果

保全管理を実施することにより，上記の懸念が解消できるほか，大事なこととしては保全管理活動を実施すること自体で海岸林と接することによってその地域における海岸林の存在意義及び必要性，人との関わりが成立し，海岸林と地域との距離感（親近感）が短縮する（身近になる）ことが挙げられる。これが地域で注目されることにより多くの人々が海岸林の必要性を実感し，保全管理活動のさらなる活性化へとつながると考えられる。

次のd）e）ではその一例としての研究成果事例を紹介する。

d）保全管理を実施することによる保健休養機能の評価の変化
—佐賀県唐津市虹の松原内の散策路景観の事例—

保全管理を実施することにより森林の持つ多面的機能の恩恵の多くを受けることができるのは上記のとおりであるが，ここでは保健休養機能について着目し，保全管理活動を実施したことによる機能評価の変化の研究事例について紹介する。

事例対象地は佐賀県唐津市の虹の松原で，虹の松原内のうち「森林浴の森」と

図表2-5　調査対象地域

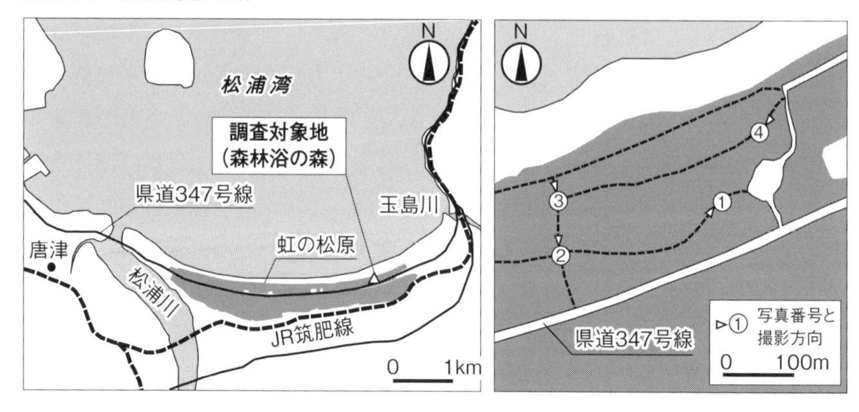

呼ばれる地区に設置されている散策路における景観を対象とした。本調査では海岸林内の景観が保全管理活動によってどのように変化し，その景観イメージがどのように変化するかを把握することを目的とし，2009年と2018年の同地点において撮影した写真を用いての景観構造変化調査及び景観イメージ評価実験を実施した。なお当地では2008年３月に虹の松原保護対策協議会が「虹の松原再生・保全実行計画書」を策定し同９月には九州森林管理局，佐賀県，唐津市によって「虹の松原再生・保全に関する覚書」に調印，虹の松原再生保全活動推進事務局が設置され，事務局が虹の松原保護対策協議会より特定非営利活動法人唐津環境防災機構KANNE（以下，KANNEとする）に委託され，KANNEの活動（保全管理活動の管理・活動の受け入れ，現地における活動のサポート，広報活動・環境教育活動）が2009年から本格的に開始している。景観構造変化調査及び景観イメージ評価実験について，図表2-5に示す調査対象コース内において2009年（虹の松原における保全管理活動が本格化した年）に撮影された写真（４枚）と同じアングルの写真を2018年（虹の松原における保全管理活動が本格化して９年後）にデジタルカメラにて撮影した。これら写真８枚（2009年４枚，2018年４枚）を対象として，景観構造の経年変化を把握することを目的として７つの景観構成要素を対象とした景観構造分析を（景観構造変化調査），また各写真のイメージ評価の把握を目的として景観イメージ評価実験を実施した。使用した写真（実際はカラー写真を使用）を写真2-1に示す。景観イメー

写真2-1　景観イメージ評価実験で使用した写真と撮影位置

図表2-6　景観イメージ評価実験で用いた評価尺度とイメージ尺度

		非常に	やや	どちらとも	やや	非常に	
評価尺度	嫌いな						好きな
評価尺度	不快な						快適な
評価尺度	醜い						美しい
	不安な						安心な
	暗い						明るい
	うっとうしい						さわやかな
	不潔な						清潔な
	閉鎖的な						開放的な
	窮屈な						ゆったりとした

	非常に	やや	どちらとも	やや	非常に	
雑然とした						整然とした
そわそわした						落ち着く
騒がしい						静かな
暖かい						涼しい
覚醒的な						鎮静的な
人工的な						自然な
一般的な						個性的な
平面的な						立体的な
俗な						神聖な

ジ評価実験は関東在住の大学生を中心として2018年11月に配布式によるアンケート調査を実施し，被験者は65名だった。アンケート調査では各写真に対してSD法による18個の尺度（評価尺度３個，イメージ尺度15個）について５段階評価をしてもらった（図表2-6）。

結果として，保全管理活動によって景観の構造がどのように変化したか，2009年と2018年の写真を対象として各景観構成要素の被写面積比率がどの程度変化したのかを変化なし（±１［%］未満），±５［%］未満，±５～10［%］，±10［%］以上に区分して確認した。各撮影地点における景観構成要素の被写面積比率（写真内に写っている割合［%］）の変化を図表2-7に示す。その結果，撮影地点によって違いがみられるものの，中低木・草本がいずれもの撮影地点で減少し，砂地や土面といった裸地面の増加が確認された。

次に景観イメージ評価実験の各尺度の評価について，各尺度の平均値及び2009年と2018年の評価値に差があるかについて確認するためｔ検定を実施した結果を図表2-8に示す。その結果，全体では評価尺度の全てで有意差がみられ，2018年において「好きな」「快適な」「美しい」の評価が強くなった。そしてイメージ尺度では多くの尺度において有意差がみられ，特に「明るい」「整然とした」「開放的な」「安心な」「さわやかな」のイメージが非常に強くなった。次に被験者の潜在的な評価基準（潜在評価尺度）を確認するために，イメージ尺度を対

図表2-7　各撮影地点における景観構成要素の被写面積比率の変化

象とした因子分析を実施した。その結果，潜在評価尺度はそれぞれ，因子1は「近寄りやすさ」，因子2は「自然の落ち着き感」，因子3は「荘厳さ」と解釈した。次に各評価尺度と各潜在評価尺度との関係を把握することを目的とし，評価尺度を目的変数，因子分析の結果より算出した各因子（潜在評価尺度）の因子得点を説明変数とした重回帰分析（Stepwise法）を実施し偏回帰係数を算出した。その結果，図表2-9の通り，因子1（近寄りやすさ）の因子得点が上昇することで「好きな」「快適な」「美しい」の評価が両年において強くなり，他の因子と比較しても偏回帰係数の値が大きかった。また因子2（自然の落ち着き

図表2-8　各尺度の平均値および因子分析による潜在評価尺度の抽出

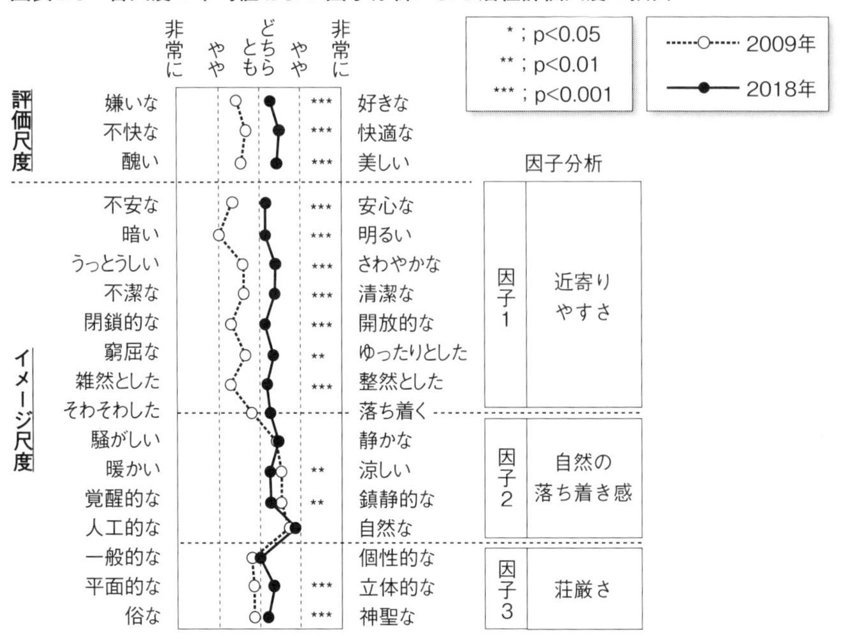

感）の因子得点が上昇することで両年の「快適な」「美しい」，2009年の「好きな」の評価が強くなることが確認された。そして因子３（荘厳さ）の因子得点が上昇すると2018年の「好きな」，2009年の「快適な」「美しい」の評価が強くなることが確認された。次に各潜在評価尺度が写真内の景観構成要素によってどのように変化するか把握することを目的とし，各因子の因子得点を目的変数，各景観構成要素の被写面積比率を説明変数とした重回帰分析（Stepwise法）を実施し偏回帰係数を算出した。その結果，図表2-9の通り，７つの景観構成要素のうち「マツ」「土面」「中低木・草本」「柵」において有意性がみられ，「マツ」が減少することで2018年の因子１（近寄りやすさ）の因子得点が上昇，「土面」が増加することで2018年の因子１（近寄りやすさ）の因子得点が上昇，「中低木・草本」が減少することで2009年の因子１（近寄りやすさ）と2018年の因子２（自然の落ち着き感）の因子得点が上昇，「柵」が増加することで2009年の因子１（近寄りやすさ）の因子得点が上昇することが確認された。

以上の結果より，海岸林保全管理活動における景観向上機能の評価の変化につ

図表2-9　評価尺度，潜在評価尺度，景観構成要素の関係（重回帰分析）

目的変数（1点　5点）		説明変数（偏回帰係数）		
		因子1 近寄りやすさ	因子2 自然の落ち着き感	因子3 特別感
嫌いな－好きな	2009年	0.868 ***	0.294 ***	
	2018年	0.788 ***		0.370 ***
不快な－快適な	2009年	0.918 ***	0.177 **	0.152 *
	2018年	0.823 ***	0.245 ***	
醜い－美しい	2009年	0.884 ***	0.190 ***	0.156 **
	2018年	0.894 ***	0.324 ***	

		マツ	土面	中低木・草本	柵
近寄りやすさ	2009年			-0.009 **	0.158 **
	2018年	-0.083 ***	0.030 **		
自然の落ち着き感	2009年				
	2018年			-0.016 **	
特別感	2009年				
	2018年				

注：*; $p<0.05$，**; $p<0.01$，***; $p<0.001$。

いての考察イメージを図表2-10に示す。景観イメージ評価実験の結果，KANNEによる保全管理活動が本格的に開始した2009年と2018年とを比較すると，評価尺度は全般に「好きな」「快適な」「美しい」といった評価が強くなり，イメージ尺度は「明るい」「安心な」「清潔な」「開放的な」といった「近寄りやすさ」のイメージが強くなった。また景観構造の変化をみると「中低木・草本」が減少し，「砂地」や「土面」といった裸地面の増加が確認された。これらは2008年から実施されている虹の松原の保全管理活動（下草刈りや松葉かき等）の9年間による効果であると明確に判断でき，散策路景観のイメージが向上したといえる。よって海岸林の保全管理活動が海岸林の多面的機能の1つである景観向上機能に大きく貢献することが実証された。そして評価尺度とイメージ尺度の関係性をみると，イメージ尺度は因子分析より「近寄りやすさ」「自然の落ち着き感」「特別感」の3つの潜在評価尺度に分類でき，評価尺度を目的変数，イメージ尺度（潜在評価尺度）を説明変数とした重回帰分析より「近寄りやすさ」が各評価尺度の向上（「好きな」「快適な」「美しい」という評価が強くなる）に

図表2-10　海岸林保全管理活動における景観向上機能の評価の変化（考察イメージ図）

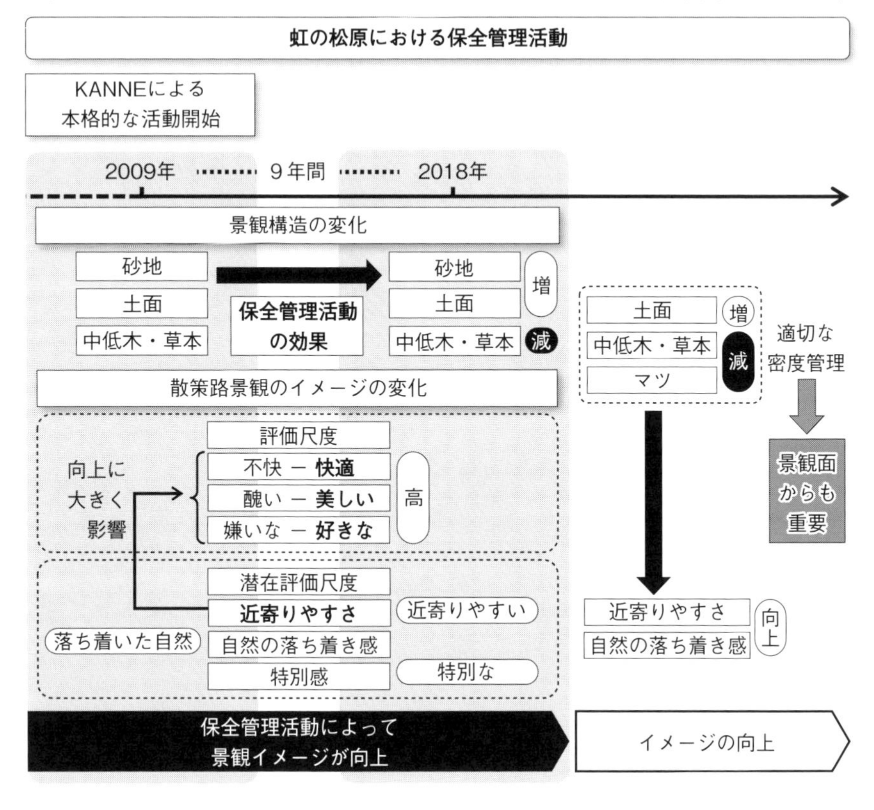

大きく影響していることが確認された。これも保全管理活動による林内への入りづらさの解消による物理的な「近寄りやすさ」の向上であると判断できる。そして今後の景観イメージ向上に向けて，潜在評価尺度の「近寄りやすさ」を向上させるために有効である管理対象（景観構成要素）をみると，潜在評価尺度を目的変数，景観構成要素を説明変数とした重回帰分析より，「土面」の増加と「中低木・草本」「マツ」の減少が「近寄りやすさ」「自然の落ち着き感」の向上に有効であることが確認された。「土面」の増加と「中低木・草本」の減少は保全管理活動の下草刈りや松葉かきを継続することで期待でき，「マツ」の減少は今回の場合は本数調整（密度調整）等による適正な緑視率の形成が有効であることが確認された。

図表2-11　被験者の属性

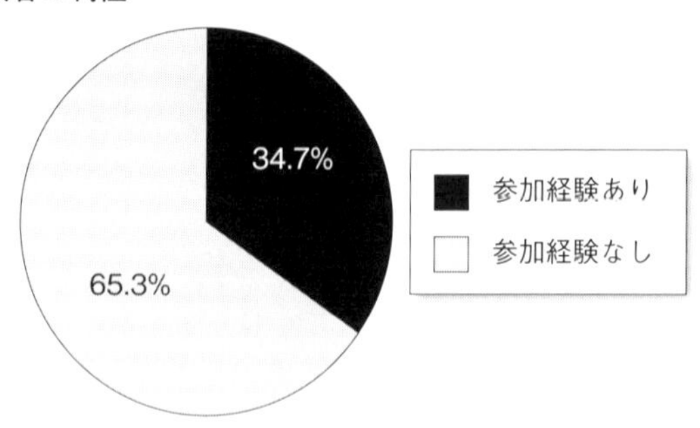

e) 保全管理活動による海岸林イメージの変化 —佐賀県唐津市虹の松原の事例—

ここでは海岸林の保全管理活動を実施することで，活動者が抱く海岸林のイメージがどのように変化するかについての調査事例結果について紹介する。

事例対象地は佐賀県唐津市の虹の松原で，アンケートは虹の松原と同じ唐津市内にある佐賀県立唐津南高等学校の学生を対象として実施した（N = 121）。この高校では学校行事として虹の松原の保全管理活動を全校生徒によって実施しており，学生の中には高校入学以前から虹の松原の保全管理活動に携わっていた学生も，高校入学後に初めて携わった学生もいる。今回のアンケート調査では図表2-11のとおり，被験者の34.7［%］が高校入学以前に参加経験があり，65.3［%］が高校に入学して初めて保全管理活動に参加していた。

虹の松原のイメージついてSD法による12個の尺度について5段階評価をしてもらった結果，図表2-12のとおり，全体では入学前と入学後とで各尺度の平均値を比較したところ全ての尺度においてt検定による有意差が見られ，特に「見慣れた」「親しみのある」「日常的な」「誇りに思う」というイメージが強くなることが確認され，保全管理活動の実施によって海岸林との「距離感」が縮まることが確認された一方，「うっそうとした」「不安な」「美しい」「雑然とした」といったイメージの変化量は小さかったことから，虹の松原の現状に対してまだまだ保全管理が必要であると感じていると考えられる。そしてこの評価

図表2-12　虹の松原のイメージ（平均値）

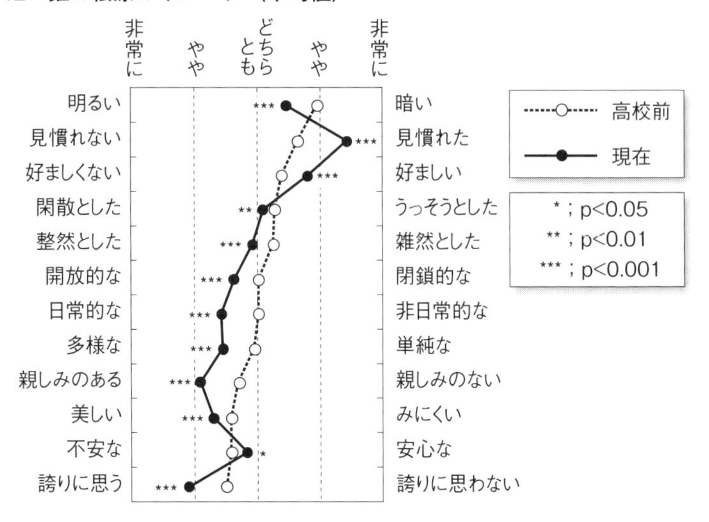

図表2-13　虹の松原のイメージ（高校前の参加経験別，平均値）

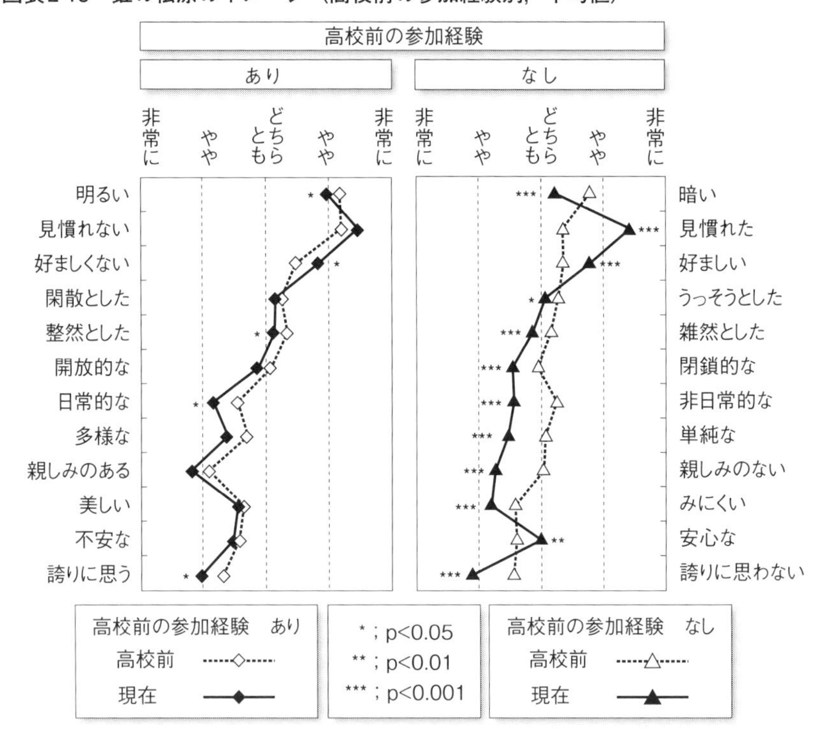

を高校前の保全管理活動への参加経験の有無で分けて比較をすると，図表2-13のとおり，高校に入って初めて保全管理活動に携わった学生においてイメージの変化が大きく，保全管理活動によって海岸林との「距離感」が縮まることが明確に確認された。

2 保全管理の歴史

海岸林のこれまでの歴史において，近年において保全管理活動と大きく関わりのあるタイミングとしては「保全管理の放置」と「松くい虫被害」が大きいキーワードとして挙げられる。保全管理の放置や松くい虫被害によって海岸林は荒廃して十分な機能の発揮ができなくなり，機能発揮には保全管理活動の必要性と活性化が求められる。ここではこの２つのキーワードについて説明する。

a）海岸林の放置

海岸林を保全管理せず放置することで海岸林の機能が十分に発揮されないのは前述のとおりだが，近年においてこの放置のきっかけとなったのが明治維新や太平洋戦争などの社会的な変革期及び混乱期と，1960年代の燃料革命が挙げられる。

明治維新では社会的混乱のためにマツ植林などの事業計画の中断やマツ林の保全管理を放棄せざるを得ず，海岸林のすぐ隣である浜辺での製塩における薪炭確保を目的とした乱伐や盗伐も相次いでマツ林の消滅に至る場合もあったほど深刻な問題であった。さらに明治政府は開墾による耕作地の拡大を積極的に推進しており，海岸林が開墾の対象地として全国的に払い下げが実施された。太平洋戦争時には戦闘準備のための伐採や保全管理の不足，耕作地化が進んだ(写真2-2)。

燃料革命は日本では1960年代に起きたエネルギー革命を指し，この時期にエネルギー（燃料）の主役の石炭や薪炭から石油・天然ガスへの転換が起こった。そのうち薪炭材は地域住民にとって周囲で入手できる身近な燃料資源であり，海岸部近辺で生活する地域住民にとって海岸林は薪炭材を入手できる非常に身近な場所であった。燃料革命前の住民による落葉落枝（燃料資源）の採取及び

写真2-2　戦時中のクロマツの活用事例

戦時中にマツの脂を飛行機の燃料として活用すべく採取したといわれる跡
（佐賀県唐津市虹の松原）

その資源確保の場の保全管理は結果として海岸林にとっては下草管理による海岸林の保全管理となり，地域住民と海岸林との間にWIN-WINの関係が成立していた。しかし燃料革命以後は地域住民にとって海岸林内の落葉落枝は「身近な燃料資源」から「無用の産物」へと変わり，海岸林は燃料資源の供給源としての価値が消失した。海岸林にとっては下草管理の放棄による海岸林の放置となり，これが現在の全国の海岸林の衰退の大きな要因の１つとなっている（図表2-14）。

b）松くい虫被害

クロマツを主体とした海岸林にとって，松くい虫被害は最大の脅威であるといっても過言ではない我が国最大の森林病虫害で，短い期間で海岸林が消滅した事例も少なくない。松くい虫被害は1905年（明治38年）に長崎県において初めて発生が確認され，現在は北海道と埼玉県を除く45都府県で被害がみられる。海岸林以外も含む全国の森林における松くい虫被害の推移を図表2-15に示

図表2-14　地域住民と海岸林との関係（概念図）

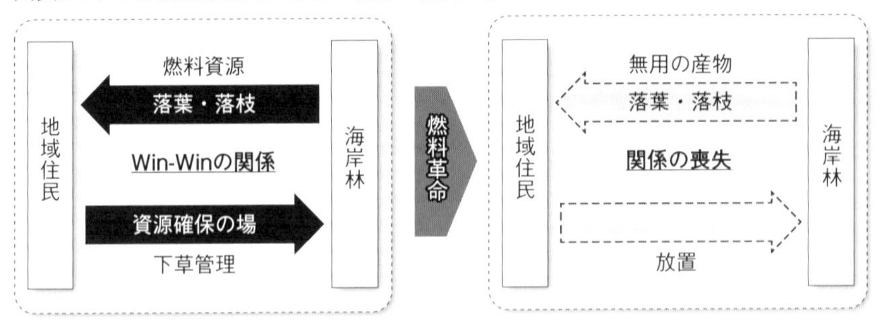

図表2-15　松くい虫被害の推移

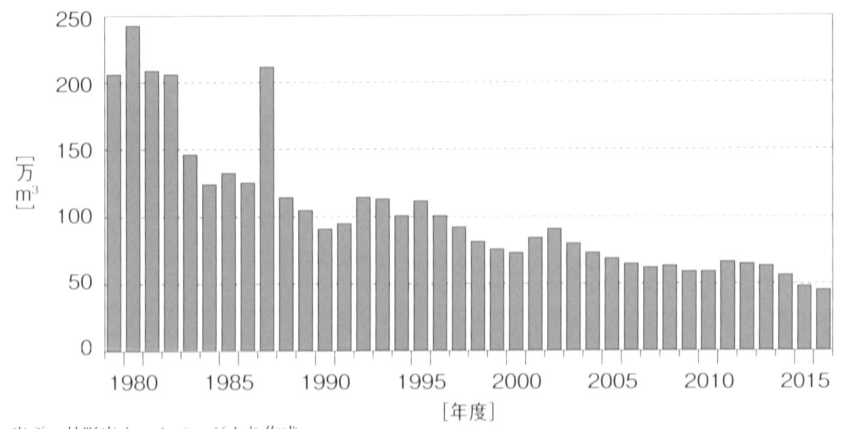

出所：林野庁ホームページより作成。

す。このグラフを見る限りでは減少傾向にあることがわかるものの，地域によっては現在も被害が拡大しており，依然として大きな被害をもたらしている。地域ごとにみた松くい虫被害の推移について山形県庄内地方での事例（1979年に初めて松くい虫被害を確認）でみると，図表2-16のとおり全国に比べて細かいサイクルで増減しており，増加のタイミングは雪害や高温少雨といった大規模の気象害がきっかけであり，大雪や暴風による樹木や枝の折れがマツノマダラカミキリの格好の産卵対象となると考えられる（梅津 2018）。

松くい虫被害の仕組みをみると，まず「松くい虫（マツクイムシ）」という虫は存在しない。正確にはマツノマダラカミキリとマツノザイセンチュウが関

図表2-16　松くい虫被害の推移（山形県庄内地方）

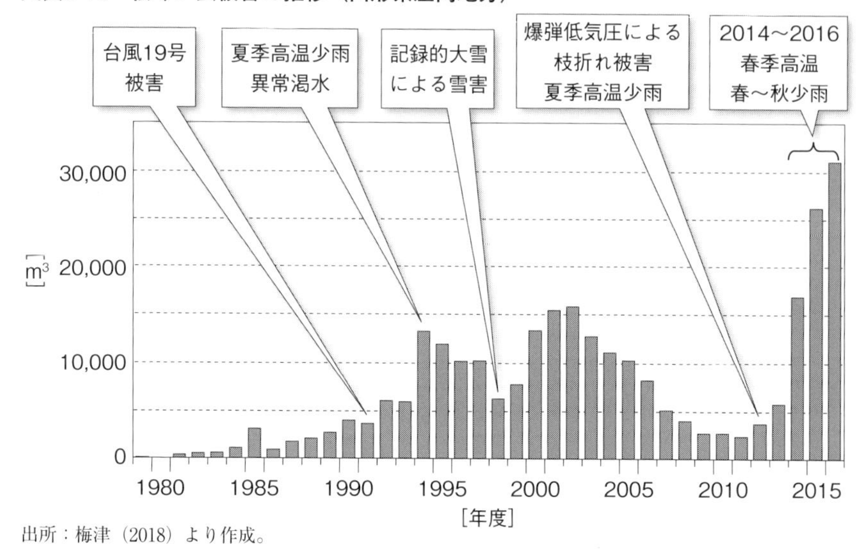

出所：梅津（2018）より作成。

与しており，松くい虫という呼称は行政用語の１つである。病原体はマツノザイセンチュウという線虫であり，徳重ら（1969）によってその存在が報告された。体長は１［mm］以下で，ライフサイクルはふ化から産卵まで４日しかかからない。しかし移動可能距離は非常に短く，単体での樹木間の移動は不可能である。その病原体を他の樹木に運搬する媒介者がマツノマダラカミキリであり，体長は成虫で２～３［cm］でライフサイクルは１年１世代（寒冷地では２年１世代もある），移動可能距離は約２［km］に及ぶ（図表2-17）。それぞれの松くい虫被害における関わりの概要は図表2-18のとおり，感染した枯死木に生息するマツノザイセンチュウがマツノマダラカミキリに取り付き，マツノマダラカミキリが移動して健全木に侵入し，そこでマツノザイセンチュウが展開して新たに感染させ，マツ枯れを引き起こす。マツノマダラカミキリはマツノザイセンチュウに樹木間の移動，侵入口の形成を提供し，マツノザイセンチュウはマツノマダラカミキリに産卵しやすい環境と食べやすい材の形成を提供するという共生関係が成立している。

松くい虫被害のメカニズム等をみると図表2-19のとおり，マツへの感染は一般に６月～９月（地域と気象条件により差がある）であり，その後針葉が変色，

図表2-17　松くい虫とマツノマダラカミキリ，マツノザイセンチュウ

松くい虫（マツクイムシ）……存在しない！

	体長	ライフサイクル	移動可能距離	マツ枯れへの関わり	共生関係
マツノマダラカミキリ 	2～3cm（成虫）	1年1世代（寒冷地は2年1世代も）	約2km	媒介者	樹木間の移動 侵入口の形成 ↓　↑
マツノザイセンチュウ 	1mm以下	ふ化から産卵まで4日	樹木間の移動は不可能	病原体	産卵しやすい環境 食べやすい材の形成

図表2-18　マツノマダラカミキリとマツノザイセンチュウの関係

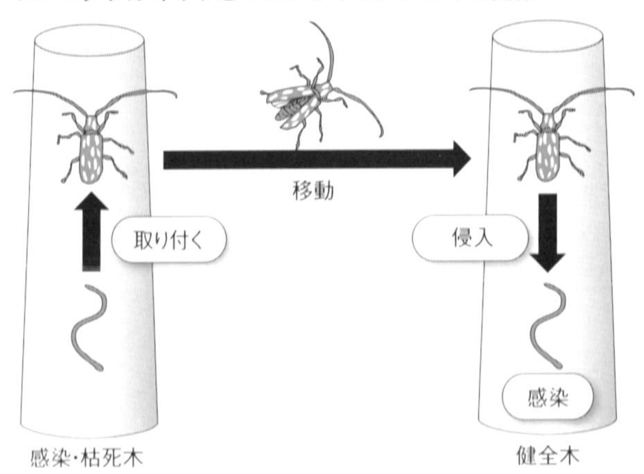

枯死する。この感染の時期はマツノマダラカミキリが成虫である時期と一致しており，成虫になったマツノマダラカミキリは樹皮を摂食し，その穴を通じてマツノザイセンチュウが侵入し，材内で増殖する。そして感染し衰弱した樹木にマツノマダラカミキリが産卵し，樹木内（材内）で越冬する。以上のメカニズムに対し，保全管理活動では駆除措置として８月～11月に被害木の伐倒駆除，それ以降に特別伐倒駆除（被害木を破砕しチップ化または焼却し，被害材内の幼虫を完全駆除する）を実施し，予防措置として特別伐倒駆除の時期に樹幹注

図表2-19　松くい虫被害のメカニズム等

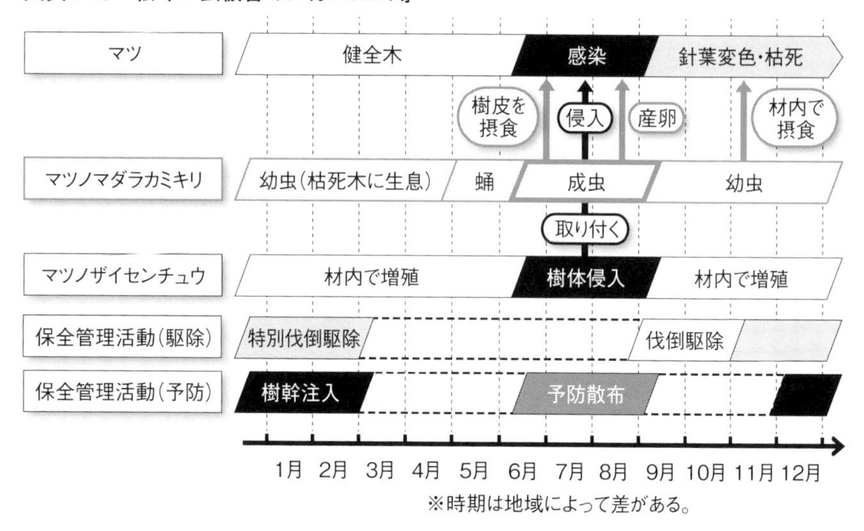

入（ドリルで幹に穴をあけて殺センチュウ剤を注入し，樹体内のマツノザイセンチュウを殺虫または増殖を防ぐ）を，マツが感染する時期に予防散布（マツノマダラカミキリの羽化脱出後の後食を防ぐため空中や地上から薬剤を散布）を実施する。そして年間を通して被害監視として巡視・空中探査等を実施して被害木の早期発見を行う。

3 保全管理の組織構造と参加形態の概要

次は海岸林の保全管理活動を実施するにあたって，一体どのような作業をすればよいのかという話になる。ここでは海岸林の保全管理活動について保全管理体制と保全作業の概要を紹介すると共に，企業が主体となって保全管理を実施している事例を紹介する。

a）海岸林の保全管理体制

一口に「海岸林」といってもその所有形態は国有地や県有地といった公有地

から企業や個人が所有する私有地まで様々でいわゆる「目には見えない境界線」が数多く引かれており，その所有形態によって管轄する機関や関係する法律や条令も森林法や海岸法，自然公園法など異なることから個々の保全管理体制も多様であるのが現状である。そのうち多くの海岸林において影響を及ぼしている法律の1つが森林法である。「森林計画，保安林その他の森林に関する基本的事項を定めて，森林の保続培養と森林生産力の増進とを図り，もつて国土と国民経済の発展に資する（第1条）」を目的とし，現行の森林法は1951年（昭和26年）に改正されたものであるが，保安林制度は1897年（明治30年）の第1次森林法の制定時から規定されている。保安林は以下の目的を達成する必要があるときに農林水産大臣が指定（民有林において④～⑪が目的の場合は都道府県知事に指定を委任）する。

⑴ 水源の涵養　（水源涵養保安林）
⑵ 土砂の流失防備　（土砂流出防備保安林）
⑶ 土砂の崩壊防備　（土砂崩壊防備保安林）
⑷ 飛砂の防備　（飛砂防備保安林）
⑸ 風害・水害・潮害・干害・雪害・霧害の防備
　（防風保安林，水害防備保安林，潮害防備保安林，干害防備保安林，防雪保安林，防霧保安林）
⑹ なだれまたは落石の危険防止（なだれ防止保安林，落石防止保安林）
⑺ 火災の防備　（防火保安林）
⑻ 魚つき　（魚つき保安林）
⑼ 航行の目標の保存　（航行目標保安林）
⑽ 公衆の保健　（保健保安林）
⑾ 名所または旧跡の風致の保存（風致保安林）

保安林に指定された場合の特例措置としては固定資産税，不動産取得税，特別土地保有税の非課税，相続税，贈与税の一部控除（規制内容に応じて異なる）等があるが，制限としては立木の伐採，立竹の伐採，立木の損傷，家畜の放牧，下草落葉落枝の採取，土石または樹根の採掘，抜根その他土地の形質を変更する場合，原則として都道府県知事の許可を受けなければならない。多くの海岸林はこのうち⑷飛砂防備保安林，⑸防風保安林，潮害防備保安林，防霧保安林に指定されており，一部の海岸林ではさらに⑽保健保安林，⑾風致保安林にも指定されており，保安林に指定されている海岸林で保全管理活動を実施する場合には，たとえ民有林であっても自身の勝手な意思で行うことができない。また法律や条例によって指定を受けている海岸林での保全管理活動の許可を取る場合にも，森林法であれば農林水産省林野庁，自然公園法であれば環境省と所管が異なるほか，海岸法でも海岸管理者が都道府県知事であったり市町村長であったりと多岐にわたり，複数の法律による指定を受けている場合にはその法律毎に許可を取らなければならない。また海岸林の保全管理に必要な予算は，その多くは公的資金の活用に依存しているのが現状であり，その資金源は上記の法律や条例によると共に，国からの予算であったり都道府県からの予算であったりと多岐にわたる。

そしてこのような多様な管理体制の中，山形県の庄内海岸砂防林では海岸林を地域の共有財産と認識して全体で情報を共有して海岸林の歴史や価値を再認識し，そして誇りに思いながら保全管理活動を進めている（図表2-20）。庄内海岸松原再生計画（2008 年度版）では財団法人日本緑化センターが提唱した「日本の松原再生運動」に基づく「日本の松原再生事業（2006年から開始）」に鶴岡市，酒田市，遊佐町が共同で応募し，モデル地域として採択された。その後，学習活動や保全活動を実施している団体が連携して一体的に保全活動を進め海岸林を未来に引き継いでいく方策等を話し合う場として「出羽庄内公益の森づくりを考える会」が2002 年に設立され，この会の構成員を中心に地元の委員を選び設けた庄内海岸松原再生計画策定委員会により，2006～2007年度の２年をかけて松原再生計画が作成され，その10年後には計画の見直しを実施し，「海岸林の維持管理をいかに行うか」を再検討するために庄内海岸林の現状認識と課題抽出を行っている。

b）保全管理活動の作業項目

ここでは海岸林の保全管理活動において実施される作業項目について紹介する。作業項目は専門の業者ではないとできないものから子供でも実施できるものまで規模・費用・労力・専門性は多岐にわたる。ここでは地域住民を対象とした作業項目の概要について紹介する。

図表2-20　多様な主体の協働の概念図（中島ら 2011）

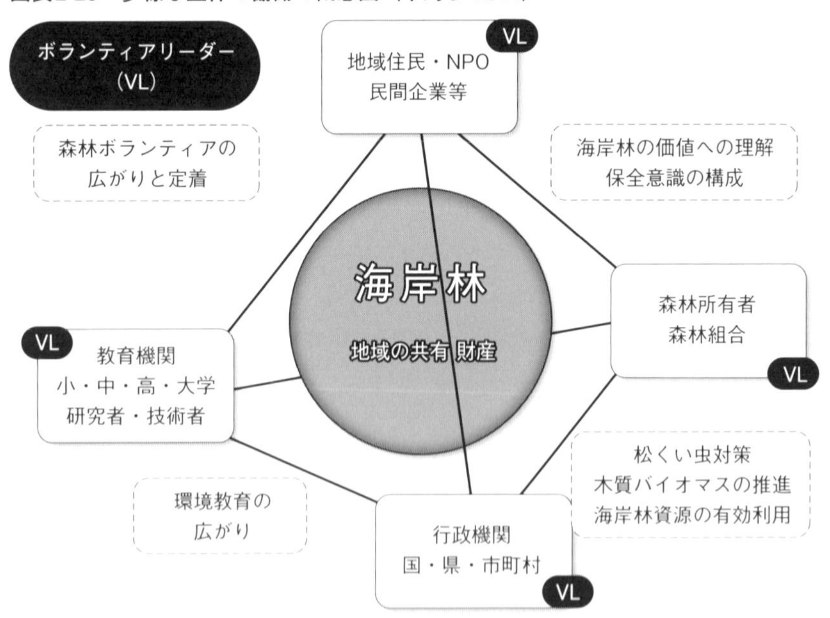

(1) 苗の植栽

森林の保護活動として多くの人が真っ先に思い浮かべ，地域の人々から実施の要望が最も多いのが樹木の苗木の植栽である。東日本大震災の津波被害地における海岸林の再生においても多くの樹木が植栽され，イベントとしても開催された。ただし既存の海岸林における植栽は部分的な空間（倒木などによってスポット的にできた開放空間）などへの補植が主であり，植栽よりもその後の保育が非常に大事である。

植栽時には植栽箇所の周辺を刈り払った後にクワやスコップで地剥ぎ（直径1［m］くらいが目安）を行い，余計な根や雑草類を取り出す（植える場所を「耕す」というイメージ）。苗木を植栽後は乾燥と雑草の発生を防ぐためにマルチングをするのが望ましい。また植栽の密度や配置にも注意が必要で，海岸最前部の気象環境が厳しい場所では高密度（10,000［本／ha］が目安）に植栽するのに対し，周囲に樹木がある内陸側であれば通常の森林と同様の比較的低密度（2,500［本／ha］が目安）での植栽でよく，配置も造林地のように列状に植栽するのもよいが，補植などで周囲の景観と調和させる場合には千鳥状や無造作的な配置も検討してもよいかもしれない。

(2) 下層管理（松葉かき，雑草むしり，ゴミ拾い）

クロマツ海岸林において非常にポピュラーかつ重要な作業である。前述のとおりクロマツ海岸林は下層部を砂地で維持することが必要であり，これを怠ることによって海岸林の広葉樹林化やヤブ化が進行する。松葉かきは松葉ほうきを使用して松葉や落枝，松ぼっくりなどを集める。これによって砂地が顔を出し，活動の成果もわかりやすい。松葉かきをした後には雑草や広葉樹の稚樹などがみられることから，これを手作業で引き抜いていく。道具を使用せず単純作業であるが，意外に地味な作業で松葉かきよりも時間を要する場合が多い。そして林内を中心としたゴミは投棄されたもの以外にも海から漂着したものも多くみられ，種類も量も多様である。特に台風などの後は大量のゴミが散乱しており，なかなかの作業量となる。

作業としては単純であるがその成果は明確な変化を見ることができ，保全管理活動をしたという実感は得られやすい。写真2-3は約１時間の下層管理作業の成果であるが，このように作業前後の状態を振り返ることが保全管理活動のモチベーションの上昇には非常に有効である。

(3) 樹木管理（下刈り，つる切り，枝打ち，除伐，本数調整伐，樹幹注入）

海岸林を構成するメインである樹木の健全性を維持するための作業である。下刈りは本来マツといった保全対象木が雑草に覆われて日照不足になるのを防ぐために周辺の雑草を刈り込む作業であるが，佐賀県の虹の松原のように下層の砂地が見える場所ではない場合の下層管理ともなる。これを継続することによって下層部分の雑草が減少していずれは砂地が顔を出すがその道のりは長く，その状態までするかどうかについて事前の目標設定が重要である。下刈りは刈払い機を使用することで効率よく実施できるが使い慣れない人が使用すると危険が伴うため，一般の人が作業する場合は下刈り鎌を使用しての作業となる。よって作業面積によっては保全対象の樹木の周辺のみを下刈りする「坪刈り」の実施の検討も大事である。また実施時期も大事で，樹木が休眠期に入る晩秋の作業は地域によっては冬期の寒風害を助長してしまう場合もある。また最も気

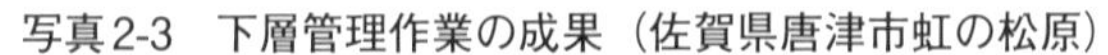
写真2-3　下層管理作業の成果（佐賀県唐津市虹の松原）

下層管理作業前

下層管理作業後

を付けなければならないのは本来伐ってはいけない樹木を伐ってしまう誤伐で，作業前に目印となる支柱を立てるなどして誤伐を防ぐ対策が重要である。

つる切りは保全対象の樹木に巻き付いているツル植物を切る作業で，絡んだツルは樹木を絞めつけて枯死させるほか，ツタウルシなど人間にも害を及ぼすものもある。また生長が非常に早く旺盛なため積極的な除去が必要である。つる切りは剪定ハサミなどで１～２か所を切断してしまえば，それより上部は枯死するが，そのままにすると絞めつけは継続するので剥がす作業も必要である。

枝打ちはマツなどの枝が混みあって下枝が枯れ上がらないように不要な枝を切り落とす作業で，主に幼齢木が対象となる。これとあわせて除伐や本数調整伐をすることで樹林の密集化を防ぎ適度な風がとおる健全な森林を維持することができるが，除伐や本数調整伐は所有形態等（国有林や保安林など）によっては勝手に伐採することができず，あらかじめ伐採許可の申請が必要である場合もあるので注意が必要である。

樹幹注入は前述の松くい虫被害の予防としてドリルで幹に穴をあけて殺センチュウ剤を注入し，樹体内のマツノザイセンチュウを殺虫または増殖を防ぐことを目的として実施する。ただしこの作業は専門家の指導の下で実施しないと，逆にマツを死に至らしめてしまう危険性も有しており，慎重な作業が求められる。なお鳥取県の弓ヶ浜海岸林においては県の関係者の指導の下，地域住民による樹幹注入が実施されている。

(4) その他（イベント的要素）

海岸林の保全管理作業に直接的な効果がある訳ではないが，保全管理活動を楽しく行ってもらい継続的に活動に参加してもらうためにイベント的な要素を絡めた作業も有効である。佐賀県の虹の松原ではNPO法人KANNEが地域の小学生等を対象に「松葉タワーづくり」や「松ぼっくり入れ」などを実施している。「松葉タワーづくり」は松葉かきで集めた松葉を山積みにしてタワーをつくり，その高さを競うイベントである（写真2-4）。子供たちはタワーをつくるために必要な松葉を競ってかき集め，それを積み上げている。このように楽しみながらの保全管理作業によって子供たちの海岸林の保全管理活動への関心を高めることは非常に有効で，継続的な活動も期待できる。

写真2-4　松葉タワーの高さの計測（佐賀県唐津市虹の松原）

c）企業による保全管理の事例 ―宮崎県一ッ葉海岸林の事例―

最後に企業が主体となって保全管理活動を実施している事例として，宮崎県にある一ッ葉海岸林を紹介する。一ッ葉海岸林は宮崎県の宮崎平野にあるクロマツを主体とした海岸林で，面積は約830［ha］となる（図表2-21）。この地では1971年に住吉神社が所有していた110［ha］のクロマツ林がフェニックスカントリーゴルフ場施設に，1993年に135［ha］のクロマツ林が総合保養地域整備法（リゾート法）の定期要第一号施設として第三セクターシーガイアとして営業が開始されて多くのリゾート関連施設がつくられた。その結果，一ッ葉海岸林の管理主体は国有林，県有林，企業の有する私有林に大別され，管理方法はそれぞれに任せられている（図表2-22）。各エリアの管理の特徴として，フェニックスカントリーの部分は元々社寺が所有する社寺林であったことやゴルフ場の敷地内であるという特徴上，林分（エリア）としてというより木の1本1本を管理するという意識が強い傾向があり，見た目に美しい姿に剪定する等の庭

図表2-21　一ッ葉海岸林の位置と概要

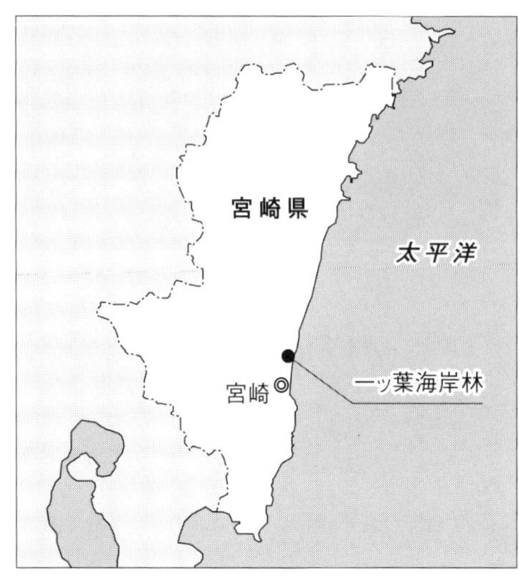

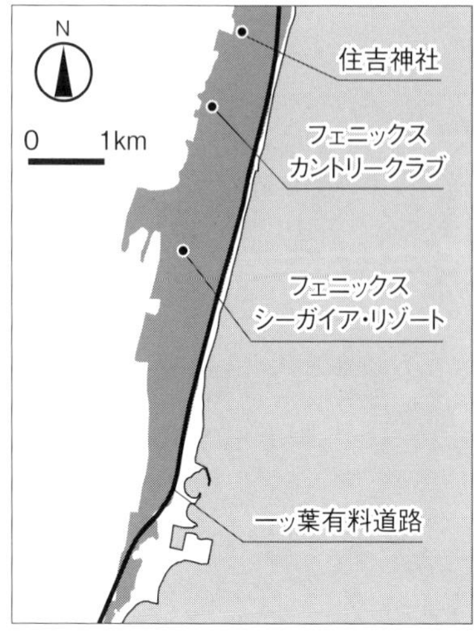

図表2-22　一ッ葉海岸林の管理区分

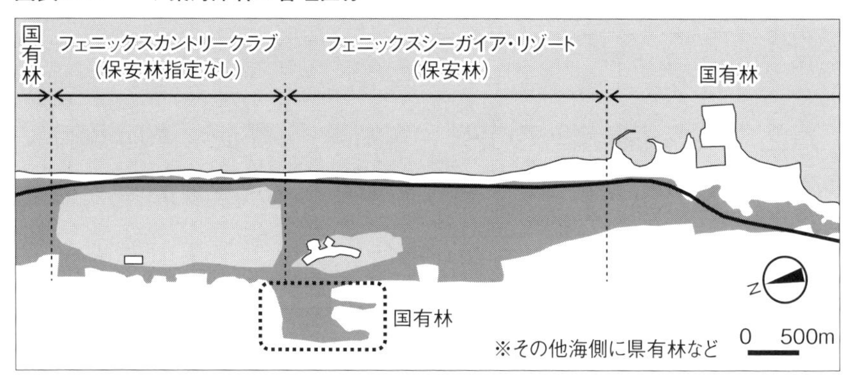

園的な管理が行われていた。それに対しシーガイア部分のクロマツ林はもともとが国有林でありその後も潮害防備保安林に指定されていることから，林分としての管理が実施されている。そして両エリアを管理する企業のトップは「一ッ葉エリアのマツ林は財産」という認識のもと，企業経営と環境保全の調和を図る理念を持ち，管理保護技術の指針を作成するために専門家を集めた諮問機関としての委員会である「宮崎・一ッ葉地区環境保全推進委員会」を設立した。

この委員会ではクロマツを守るため，松くい虫被害に対しては駆除・薬剤予防のみではなく，樹勢強化をはかる方法を取り入れている。具体的には，

・松くい虫被害木の即日林外持ち出しと焼却
・林床の腐食層の除去
・木炭などの施用による菌根菌の増殖 ※
・木酢液の併用※
・県国有林と連携した薬剤の空中散布及び地上散布
・阿波岐原森林公園管理協議会による地域一体的な管理の推進

※樹勢強化を目的とした管理手法

となっている。

まとめとして，シーガイア内の海岸林は保安林に指定されているため自由に伐採はできないが，リゾート施設としての要素が強いためその景観が利用客に受け入れられる必要があり，健全なクロマツ林を育てて良好な景観を維持するための努力が払われており，結果として周辺の国有林・県有林の管理にも弾みがついている。企業が主体となっての保全管理がなされたクロマツ林はリゾート企業の財産として扱われ，海岸林を良好な景観資源と捉えて積極的な管理がなされているのが一ッ葉海岸林の特徴であるといえる。

[引用・参考文献]

梅津勘一・江崎次夫・渡部公一・田中明（2011）「具体的な保全作業の紹介―体を動かそう！―」中島勇喜・岡田穣編著『海岸林との共生』山形大学出版会，pp. 183-203。

岡田穣・矢澤聖志（2020）「景観向上機能からみた保全管理活動による海岸林散策路のイメージ評価の変化 ― 佐賀県虹の松原の事例として ―」『専修大学商学研究所報51（6）』，1-24

小田隆則（2003）『海岸林をつくった人々』北斗出版，p.254。

河合英二（2011）「一ッ葉海岸林―環境保全機能と調和して開発・利用」中島勇喜・岡田穣編著『海岸林との共生』山形大学出版会，pp. 128-131。

菊池俊一・呉尚浩（2018）「策定から10年が経過した庄内海岸松原再生計画の改定について」『平成30年度日本海岸林学会石垣大会講演要旨集』平成30年度日本海岸林学会石垣大会実行委員会，pp.54-55。

近田文弘（2013）「なぜ，クロマツなのか？―日本の海岸林の防災機能について―」『海岸林学会誌』12（2），日本海岸林学会，pp.23-28。

徳重陽山・清原友也（1969）「マツ枯死木中に生息する線虫」『日本林學會誌』51（7），日本林学会，pp.193-195。

萩野裕章（2016）「海岸林管理とリゾートとの共生―宮崎県一ッ葉海岸林の事例―」ミニシンポジウム「海岸林管理と地域・企業のかかわりの現状」（日本海岸林学会・専修大学商学研究所共同開催）7月26日。
吉﨑真司（2016）「日本国内の海岸林の現状―東日本大震災以降の海岸林との共生―」ミニシンポジウム「海岸林管理と地域・企業のかかわりの現状」（日本海岸林学会・専修大学商学研究所共同開催）7月26日。

e-Gov法令検索ホームページ「森林法」:
https://elaws.e-gov.go.jp/search/elawsSearch/elaws_search/lsg0500/detail?lawId=326AC1000000249（2020.02.01閲覧）
出雲市ホームページ「樹木診断と松くい虫対策」:
http://matsukui-izumo.jp/prevent/04.html（2020.02.01閲覧）
林野庁ホームページ「「平成28年度森林病害虫被害量」について」:
https://www.rinya.maff.go.jp/j/press/hogo/170927.html（2020.02.01閲覧）
林野庁ホームページ「松くい虫被害対策について」:
https://www.rinya.maff.go.jp/j/hogo/higai/attach/pdf/matukui_R1-1.pdf（2020.02.01閲覧）

第3章 佐賀県唐津市虹の松原の事例

1 概要

虹の松原は佐賀県の北西部，唐津市の唐津湾沿岸にある。虹の松原は国の特別名勝であり，日本三大松原とされ，日本の海岸林の中でも最も著名なものであり，観光地あるいは地元の名所としても唐津市及び佐賀県の中でも主要な観光資源（いわゆる観光名所）の1つと位置づけられている。松原は全域が唐津市ではあるものの，国有林として国（林野庁）の管理下にある。虹の松原の保全活動はNPO法人が中心となってアダプト制度を採用した活動を展開していることが大きな特徴となっている。そして数多くの地元有力企業がアダプト制度に参加の上で保全活動を継続的に実施しており，海岸林保全活動の成功モデル

図表3-1　虹の松原の地域概要

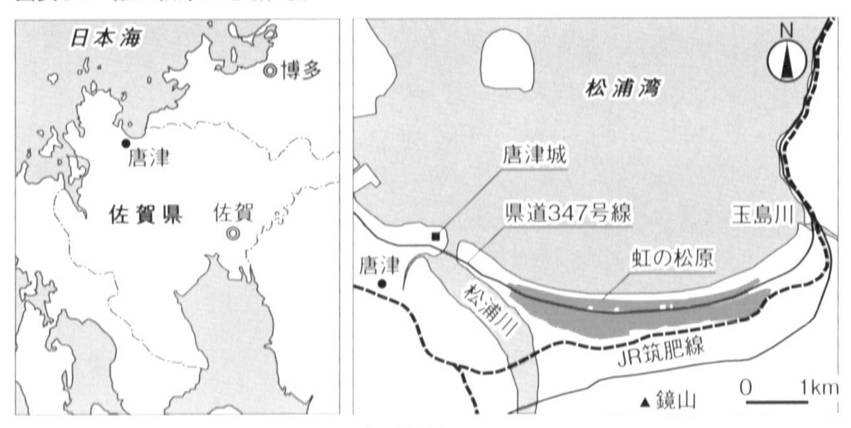

注：鏡山の位置は実際には上の地図上より南に位置する。

として注目されている地域の1つである[1]。

a）虹の松原の地理

虹の松原は全域が佐賀県唐津市の唐津湾に面しており，玄海国定公園の一部にもなっている。松原は松浦川と玉島川との間の東西方向に位置し，東西に細長く幅400～700［m］，全長4.5［km］にわたり海岸線に沿って弧状に広がっており面積は230［ha］と三大松原の他の2つである三保の松原（静岡県，34［ha］），気比の松原（福井県，32［ha］）と較べてもかなり広大である。松原の区域内はホテルや飲食店，土産物屋などの民有地も存在しているものの，ほぼ全域が国有地で国有林となっている。また保安林にも指定されており林野庁によって管理されている。森林はクロマツを主体とした国有林だが，アカマツも見られる。また虹の松原は花崗岩地帯を流域とする玉島川から運ばれてきた白砂によって白砂青松の松林が形成され，海岸林で唯一国の特別名勝に指定（1955年）されており，景観の観点からも非常に価値の高い海岸林である。

松原は唐津市の市街地・住宅地から近い位置にある。松原の西端は唐津市の中心市街地と松浦川の河口を挟んで隣接している。この中心市街地は古くから存在する城下町である。また松原の南端は農地及び住宅地と隣接し，さらにその南には国道202号線を挟んで標高284［m］の鏡山がある。この鏡山は虹の松原を一望できるスポットとして有名である。この松原南側の地域は農地が多かったが住宅地が増えつつある。松原の西端には「浜崎海水浴場」という海水浴場も存在し，こちらも住宅地・農地が隣接している。

虹の松原の中は東西に佐賀県道347号が通っている。この県道は唐津市民が日常的に使用する道路で交通量が非常に多い。松原を横切るこの県道は2002年に「日本の道100選」にも選ばれている。またJR九州の筑肥線が南側林縁部を東西に通っており松原を車窓から見ることができる区間もある。さらに「虹ノ松原駅」が松原の東西の中央地点に所在している。

b）松原の歴史

虹の松原は1608年に唐津藩の初代藩主である寺沢広高（ひろたか）が後背地

の新田開発を目的とした防風・防潮のため，海岸線の砂丘に藩有林として住民にクロマツを植林させたのが始まりとされている[2)]。唐津藩の大名は江戸時代において何度か変更されているものの，その後もこの松林は維持されたようで1771年に発生した「松原一揆」の舞台にもなっている。ただし「虹の松原」という名称は当初使われておらず，江戸時代は「御松原（おんまつばら）」や，その長さ（約８［km］）から「二里の松原」と呼ばれていたようである。その後弧状の松原を空にかかる虹に例え「虹の松原」と呼ばれるようになったとされている。1869年（明治２年）には国有林に，1898年には防風兼潮風防備保安林に，1981年に保健保安林に指定された。そして虹の松原の砂は花崗岩地帯を流域とする玉島川から供給された白砂によって白砂青松の景観を形成していることから，1955年には国の特別名勝に，1956年には玄海国定公園第１特別地域に指定された。さらに虹の松原は三保の松原，気比の松原と並んで日本三大松原に数えられるほか，「日本の白砂青松百選」や「かおり風景百選」などにも選定されている。

c）現在の活用

もともと虹の松原は後背地である松原南側に位置する農地に対する保安林として設置されたものであったものであるが，現在でも保安林と指定されている。虹の松原の後背地の農地は縮小傾向で住宅などが多くなってきている。しかしそれでも引き続き一定の機能を持っていると考えられる。

加えて虹の松原は地域にとって重要な観光資源の１つである。園内には「虹の松原公園」「万里の里公園」「東の浜公園」などの公園が点在し，「東の浜海水浴場」という海水浴場もあり駐車場も整備されている。また松原の西端には国民宿舎「虹ノ松原ホテル」など比較的大型のホテルが複数存在し，松原には「麻生本家」などの土産物屋，飲食店，保育園などがある。さらに「唐津10マイルロードレース大会」「虹の松原トライアスロン」など松原を通るマラソン・トライアスロンの大会も開催されている。特に前者は2020年で60回を数えるかなり歴史ある大会となっている。また唐津名物として「松露饅頭」が存在している。松露（ショウロ）は海岸の砂のような弱アルカリ性の土壌を好んで繁殖するキノコで，吸い物に入れる高級食材としても活用される。以前は海岸林で

写真3-1　鏡山から見た虹の松原

多く見られたが現在はほぼ見られないものである。松露饅頭は松露が入っているわけではなく松露の形をした饅頭で，名物の名前の由来となっているため唐津における松露の知名度は高い。

このように活用されているものの，実のところ虹の松原内における観光産業や経済活動は知名度ほど活発ではない。これは国有林であるため経済活動に制限があるためである。しかし観光地としての虹の松原の価値は松原そのものへの訪問に限らず，間接的な価値が存在することが大きな特徴である。唐津市内各所から松原を見ることが観光資源となっており景観自体が観光資源となっているといえる。特に代表的な景観としては松原の対岸にある唐津城からの景観である。

唐津市民にとっての虹の松原は唐津のシンボルの１つとなっていて，市民の愛着は強いものである。また幼少時から日常的・定期的な接触がある点も特徴である。唐津市内の小学生などは虹の松原や，虹の松原が一望できる鏡山に遠足で行くことが多いとのことである。鏡山から見た虹の松原の風景は様々な形で使われており，なじみの深いものと考えられる（写真3-1）。そのため前述の海水浴などとともに唐津市民は幼少期に様々な形で日常的に松原に接する経験を持っていると考えられる。加えて前述の通り虹の松原内は交通量が多い県道347号線，及びJR筑肥線が通っており，唐津市中心部への通勤や唐津から福岡市内への通勤において通り道になっている。

虹の松原が唐津市民の目に触れることが比較的多い一方で意外にも唐津市民が松原に立ち入る機会は少ない。関係者のインタビューでも，「松原には保全活動以外で入ることは少ない」「もともと市民は松原に入らない」などの指摘が多くされた。これは前述の通り国有林であり公園や遊歩道など，虹の松原内を散策するような道がほとんど整備されていない点などが原因と考えられる。

2 保全活動の概要と歴史

虹の松原における保全管理活動は虹の松原が植栽された江戸時代初期（1608年頃）に遡る。渡辺ら（2006）は管理形態を①官の命令による民の管理（1608～1868年），②官と民の連携による管理（1868～1945年），③官の主導による管理（1945年～）の3つに大別しており，①では官（唐津藩，江戸幕府）が松林管理の権限を全て握り住民に管理を命令するといった一方的な管理形態，②は官（農商務省，農林省）が松の育成管理を効率的に行うために，管理の枠組み（管理要請や管理指導体制）を構築し，その中で住民と連携するといった的確な管理形態，③は官と住民の連携した管理形態から一変して，官が主導となり管理を行うことで官に傾いた管理形態としている。

現在の保全管理活動の体系は1966年に「虹の松原保護対策協議会」が設立されたことに始まると考えられる。1950年代後半に松くい虫の被害がひどくなってきたため薬剤散布がされるようになり，回復と被害を繰り返すことになったことが背景としてある。また病害虫に加えて台風による倒木や戦時中に造船材として伐採されたことなどで海岸砂丘に面した松原がまばらになったため1954年から1969年にかけてクロマツの植栽を行って松原の拡張もされた（村井ら1992）。2000年には「虹の松原七不思議の会」が設立され，虹の松原に関する情報発信などが開始された。大きく活動が変化するのは2000年代後半で，2007年（平成19年）に九州森林管理局佐賀森林管理署が「虹の松原再生・保全活動計画書」を策定した。ここでは松原の防災機能の維持のみならず，景観的な価値の保全・再生が目的として挙げられている。さらに2008年には林野庁九州森林管理局，佐賀県，唐津市によって「虹の松原再生・保全に関する覚書」が調印され，虹の松原再生保全活動推進事務局が設置，これがNPO法人唐津環境防災推進機構KANNE（以下原則として「KANNE」と記述する）に委託され，現在は

図表3-2　虹の松原保全活動の役割分担

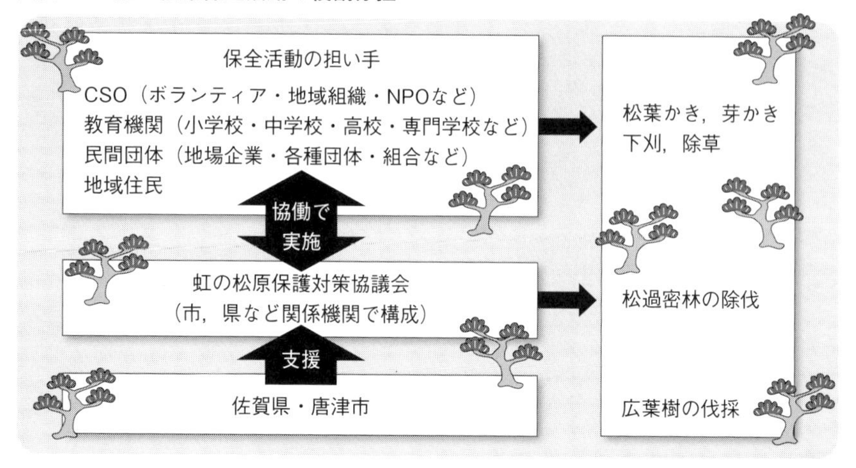

出所：唐津市ホームページより引用。

このKANNEが中心となって虹の松原の保全管理活動を行っている。KANNEが担当する管理活動は主に松葉かき，草抜き，枝拾いといったマンパワーが必要な活動が中心である。一方で松くい虫除去のための薬剤の空中散布などは引き続き林野庁が実施している。

虹の松原の管理は国（林野庁），佐賀県，唐津市が関わる複雑なものであるため，役割分担が規定されている（図表3-2）。保全活動では作業としてはアダプト制度と自由参加形式の２つが中心となっている。「アダプト制度」とは企業など団体が保全区域を決めてその地域を管理保全していく方式である。一方で自由参加形式では広く市民に保全活動の参加を募っている。虹の松原ではKANNEが主催する形で「Keep Pine Project～虹の松原クリーン大作戦～（KPP)」として年４回程度開催し市報でも広報し参加者を募集している。

虹の松原の管理は「海岸林」ではなく「松林」を残し保全管理することを目的としている点に大きな特徴がある。他の海岸林とは異なり，松を残し他の樹木を減らすための保全活動が必要となるため，必要な作業が異なってくる。例えば松原の枯れ枝拾いは土壌に栄養を与えるもので松以外の樹木を増やしてしまうため，虹の松原では必要となってくるが他の海岸林においては常に必要な作業というわけではない。ただし虹の松原保全活動においても全ての松原で同じレベルの管理を目指しているのではなく，ゾーニングをした上で保全活動を行っている。

3 NPO法人による活動

前述したとおり，虹の松原の保全活動はNPO法人唐津環境防災推進機構KANNEが中心的な役割を担っている。KANNEは2006年に設置され，現在は虹の松原保護対策協議会より虹の松原再生活動推進事業を委託されている。一部で唐津市から直接委託された事業も担っているが唐津市・佐賀県などが委託した虹の松原保護対策協議会からさらに委託される形式となっている。KANNEは図表3-2ではCSOに該当している。また設立の経緯からその活動は虹の松原保全活動だけではなく，防災活動なども行っている。

図表3-2でもわかるとおり，保全活動のうち，松葉かきなどマンパワーを必要とする保全活動の管理実務はKANNEが中心となって行われている。保全の作業はKANNE自身が労働を提供するのではなく，アダプト制度により管理を委託することと自由参加形式による管理活動イベント（クリーン大作戦）の開催による保全活動が中心となっている。また松原におけるイベントの開催や学校へ出張授業なども行っている。イベントとしては「幻のショウロ探し」として松原内で松露を探すイベントも定期的に開催している。

アダプト制度（アダプト・プログラム）は市民と行政の協働プログラムとして海岸林のみならず様々な分野で着目されている制度である。アダプトとは「養子」などの意味でアダプト制度では管理を担当する市民や団体に管理する区域を割り当てることで管理を行う制度である。虹の松原では前述の虹の松原再生・保全活動計画書の中でアダプト制度の導入が決定し市民や市内の企業がアダプト制度に加入している。KANNEの2018年度事業報告書によればアダプト方式の登録団体数は221団体，参加者数は年間約7,000名，登録面積は約56［ha］となっている。虹の松原のアダプト制度では登録団体に企業が多く含まれている点が特徴である。多くの地元企業はKANNEの勧誘活動によってアダプト制度に参加したとのことであった。また，企業が参加した後ははったらかしではなくKANNEでは企業側の求めに応じて作業道具の貸し出し，活動保険の用意，ゴミの回収，作業の説明，ゴミの回収などの活動支援を行っている。虹の松原

図表3-3　虹の松原アダプト制度の参加人数および参加団体数の推移

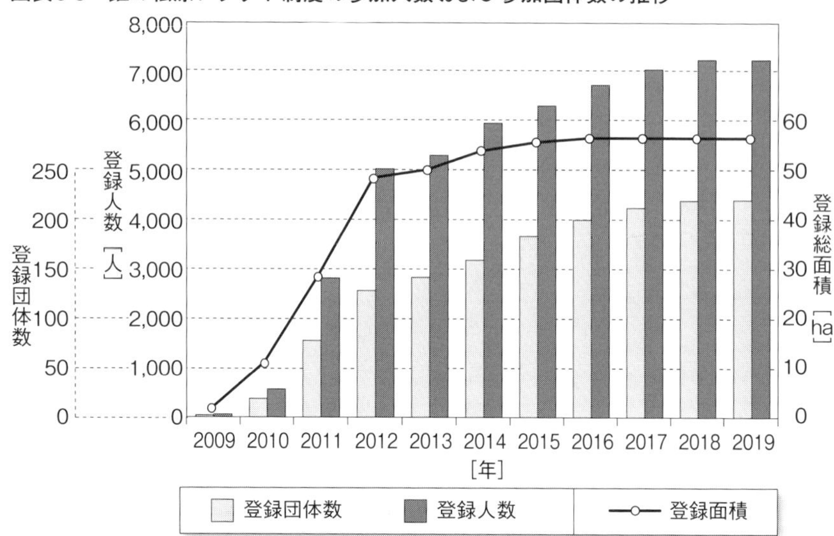

出所：情報提供は特定非営利活動法人唐津環境防災推進機構KANNE。

アダプト制度には唐津市の主要な企業の多くが参加しているが，特に建設業者の参加が目立っている。しかしこれは社会貢献活動というよりは建設業者が公共事業の受注を有利にするために社会活動に参加している，という側面が強いとのことであった。代表的な企業の参加は別に後述する。登録団体数・登録人数については図表3-3に推移を示した。

さらにKANNEでは自由参加形式のイベントとして「Keep Pine Project～虹の松原クリーン大作戦～（KPP）」を年４回主催している。事前に唐津市報，KANNEホームページなどにアナウンスし市民を中心に参加がある。作業内容は松葉かきや除草，広葉樹の伐採，清掃活動などを主体としており，活動に必要な道具はKANNEが準備・提供している。図表3-4はクリーン大作戦の参加者数の推移である。空白があるのは天候不順による中止がしばしばあるためである。基本的に参加者は増加傾向にあり，2019年10月のイベントでは過去最高の約450名が参加している。

図表3-4　「Keep Pine Project ～虹の松原クリ-ン大作戦～」の参加者推移

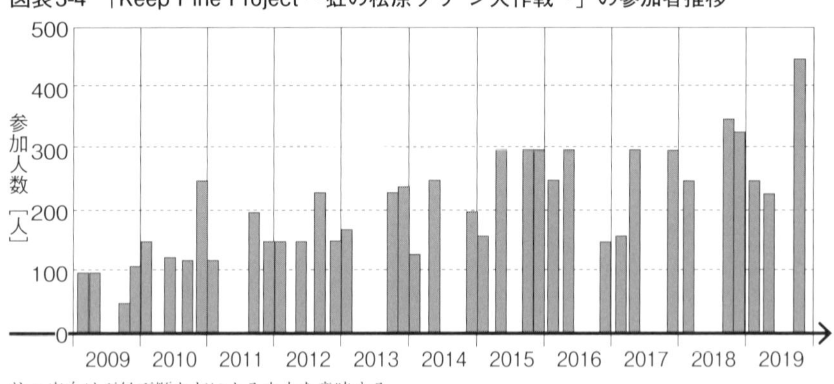

注：空白は天候不順などによる中止を意味する。
出所：情報提供は特定非営利活動法人唐津環境防災推進機構KANNE。

筆者は2018年３月４日に行われた「クリーン大作戦」に実際に参加し参加者の様子を観察するとともに何名かに簡単に話を聞くことができた。この日は比較的人が少なかったとのことだが，それでも200人を超える市民が参加していた。クリーン大作戦の参加者は様々で，アダプト制度に加入していない市民の参加だけでなく，アダプト制度に加入している市民も相当数参加していた。また個人単位だけではなく，企業単位や学校単位での参加も見られた。アダプト制度同様建設会社の参加も多い。学校は地元の中学校及び高校がクラブ活動として継続的に参加しているとのことであった。実際の参加者は高齢者と中高生が目立つものの親子で参加する姿もあった。ちなみに小さい子供であっても地面の松ぼっくりを拾うなど十分に戦力となっていた。全体としては継続的に参加している（初めてではない）市民が多い印象で２時間程度の活動を行ったが非常にスムーズなものであった。活動時間は２時間であるため，活動範囲は虹の松原の面積を考えればさほど広くないものであった。またこの日は活動終了後，唐津市が主催する「特別名勝虹の松原植樹祭」が行われた。この植樹祭は虹の松原では初めての試みである，とのことであった。植樹祭では唐津市長を始め多くの地元政治家が参加していた一方で保全活動参加者の多くは参加せずに帰ってしまっており，保全活動と較べて明らかに人数が少なかった。また「虹の松原deピクニック交流会」という活動参加者同士の交流会も行われたがこちらの参加者は数十人とさらに少なかった。参加者は学生と高齢者が多いが高齢者はかなり熱心な参加者であり，交流会のような横の繋がりを希望しているといった発言がみられた。

KANNEではその他にも多くの松原関連の活動を行っている。イベントとして松原内でのキノコ，松露や野鳥の観察会の開催や，それぞれに松原保全活動をしたり松原を思ったりする日として毎月末の日曜日を「松の日」に設定するなどをしている。さらに各種学校に対する出張授業の実施，イベントへの出展，視察者への対応なども行っている。

KANNEの運営は事務局長の藤田和歌子氏を中心に行われている。藤田氏はKANNEの運営，企業へのアダプト制度参加の営業活動，クリーン大作戦の運営などに関与している。その精力的な活動は企業関係者や行政関係者からも好意的な声が多く聞かれ，虹の松原保全活動において成功の立役者の１人であると考えられる。

4 地元企業による活動

前述の通り虹の松原の保全活動では数多くの地元企業がアダプト制度に参加している。ここでは筆者達がインタビューすることができた企業の活動について具体例を紹介する。尚，今回企業名は匿名とした。

a）企業Aのケース

A社は佐賀県に本社を置く小売店チェーンである。様々な業態を持ち，唐津市に多くの店舗を持っている。唐津市にはイオンなど全国チェーンも進出しているが唐津に多く店舗を持ち地元での存在感は大きい。A社では社会活動も多く行っているが，社会活動は本社と組織的に分離した子会社をつくり活動している。また子会社による社会貢献活動はいわゆるまちづくりやにぎわい創出が中心である。一方でA社による虹の松原保全活動は子会社ではなく小売店チェーンの本社が行っている。

A社は2011年よりアダプト地を持ち，保全活動に参加した。これはKANNEによる営業がきっかけであるとのことである。保全活動参加企業の中でも活発かつ多くの人数が参加している企業の１つとのことで活動は年間６回程度実施されており，活動参加２年目より恒例化したとのことである。実施日は社内の掲示板などで参加者の日程を調整し参加しやすい日を設定し年６回に分散するように調整しており，平日を中心に実施している。午前中に２時間程度活動し，会社からお茶と軽食を渡し解散する流れが多い。このように平日に年間６回と分散させているのは本業が小売店であり定休日がなく，土日の売上が多く人が必要であるためと考えられる。保全活動参加者は正社員だけではなく，パート・アルバイトも多く参加しており，社員の家族も参加している。特に子連れは比較的多いとのことである。A社の店舗は唐津中心部以外の地域にもあるが，そちらの地域からも多くの社員が保全活動には参加しており，中心部の在住・出身者だけが活発に参加しているというわけではないとのことであった。

A社の参加者数は当初は多かったものの，2013年には減少がみられた。そこで会議などで社内に喚起をしたところ，その後は年間のべ3～400名くらいで推移している。会社としては年１回は行くように，と推奨しているが強制はしていない。そのため，行く人と行かない人で偏りがある状況である。松原とのコラボレーション製品などは自社で特に開発はしていないが，化粧品など関連商品を取り扱っており，一定の売り上げがあるとのことである。ただし今のところ主導して開発を行う予定はないとのことであった。

A社では保全活動について外部に対して特に積極的に情報発信を行っているわけではない。また筆者達が訪問した店舗においても，特に保全活動などを掲示しているということはみられなかった。ただしホームページに活動報告は掲載しており，意外な反応として就職希望者からホームページで保全活動を見たとの反応があったとのことである。現状においては特に活発に情報発信をする予定はなく，インタビューした幹部社員も「わざわざ言うほどではない」という趣旨を語っており，社会活動としては街作りに関連したものに力を入れたい様子であった。またインタビューに答えてくれた社員は「終わった後は爽快感がある」と一定の手応えを述べる一方で活動に対する物足りなさを感じており，「やってみても間に合わない・終わらない」といった徒労感があることや，より明確な達成感が欲しい，といった指摘も受けた。

インタビュー全体からは，企業としてマーケティング的な目的はまったくなく，社会貢献として高い意識でおこなうというより，このような保全活動を行うことは唐津の企業としては当然であるという態度が終始一貫していた。

b）企業Bのケース

B社は唐津市に本社と工場を持つ食品メーカーである。県外にも工場や営業所を持っているが自社ブランド商品は基本的に九州を中心に流通している。

B社では社会活動として松原保全活動が主要な活動となっており社会活動としては他に市主催の清掃活動に参加する程度とのことである。KANNEによる営業をきっかけに松原保全活動を知り，アダプト地を持つことになった。活動は年２回が恒例で100人以上がいつも集まるとのことである。2016年５月には138人が参加した。これは従業員だけではなく家族も含んでいる。この100人超というのは開始時からほぼ一定している。全体として男性が多いものの，年齢に偏りはなく，また居住地域もあまり偏りがなく参加している。特に松原後背地の住民が多く参加している実感はないとのことであった。また社長も定期的に参加しているとのことである。活動は社内で１か月程度前に回覧し参加者を募っている。活動は毎回概ね２時間で，はじめに会社にいったん集合し車に相乗りして現場へ移動している。近年は管理が進むにつれて既存の管理地の活動所要時間が短くすむようになっているため２時間の活動時間を目安としてアダプト地を少しずつ広げている。活動は社内で管理活動の写真を回覧するほか，ホームページにも公開している。

さらに，「ふるさと佐賀県応援商品」によるふるさと納税制度を活用し，佐賀に関連した商品を対象として１個あたり１円を松原保全活動に寄付するという取り組みも行っている。この制度は商品に貼るラベルも存在するのだがコスト面からラベルを商品に貼っていないとのことであった。そのためこの取り組みで特に売り上げには変化がないのが現状とのことであった。

インタビューに答えてくれた社員によれば従業員への効果はよくわからないものの，A社と同様，終わった後は気分が良いとの感想を述べていた。一方で他の企業にも参加が広がることを期待することやより活発なPRが必要である，という意見も聞かれた。

c）企業Cのケース

C社は佐賀県に店舗を持つ金融機関である。C社は金融機関ということでいくつかの社会貢献活動を行っており，虹の松原保全活動はその１つである。虹の松原保全活動への参加は2008年より開始し，2010年にKANNEからは打診がありアダプト地を持つようになった。現在は２，６，10月の年３回活動を実施している。参加人数は１回あたり60名くらいが多い。この人数は社員と家族を含んだものである。活動の案内は社内で書面を回覧して行っており１年分の出欠をとって社としては３回のうち１回は出るように，という指示を出している。活動は現地で集合し現地で解散している。保全活動のみならず回りのゴミ清掃も実施するのが恒例である。活動はKANNEの指示の下に行い，道具についてもKANNEより借りている。

さらにＣ社では本業の金融業でも虹の松原を支援する商品を発行している。この商品では金利の一部を寄付するとしている。通常よりも金利がかなり高かったこともありかなり多くの預金を集めることができ寄付をすることができた。

Ｃ社では自社の活動は特にアピールはしていない。社員の多くは地元の出身者であり，金融機関として地域との関係構築の観点から地域貢献活動の重要性を理解しているため不満の声などはなく，今後も積極的に取り組みたい，とのことであった。

d）企業Ｄのケース

Ｄ社は九州でも有数のエネルギー企業で唐津に支社を持ち，さらに唐津に隣接する玄海町に重要な拠点を持っている。Ｄ社では様々な社会活動を活発に行っており，近年はNPO法人との協働で社会課題を解決するプロジェクトを展開している。虹の松原保全活動はそのプロジェクトの１つと位置づけられている。Ｄ社は虹の松原にもアダプト地を持ちつつ，他の企業とは保全活動参加の方法が異なっている面もある。最も顕著なのは，他の企業とは異なり従業員だけではなく一般市民の参加募集に熱心である点である。活動は年１回10月を恒例とし，チラシ，ケーブルテレビなどを使って参加者を募っている。実態としては2015年10月は125名の参加があり，現状は社員，家族，関連企業社員などが参加者の中心とのことであったが，従業員と一般市民で同数であることが理想とのことである。また社外への発信もSNS，ホームページ，サステナビリティ報告書などで行っており熱心で今後も自社の資源を活用できる形での支援を模索したとのことである。

D社の場合は他の地元企業とは違い明確な目的を持っていることがうかがえる。これは自由化によりエネルギー産業の競争環境が変化しつつあることが背景にあると考えられる。保全活動を行うことで地元との良好な関係構築を長期的視点で目的としていると考えられるのである。

e）その他の企業による活動

ここでは主に県外の企業による主な保全支援活動を紹介する。虹の松原の保全活動に対しては定期的に様々な企業から寄付が行われている。

大規模かつ継続的な寄付活動の1つとして挙げられるのはアサヒビール株式会社による「うまい！を明日へ！」プロジェクトである。このプロジェクトは同社の「スーパードライ」1本につき1円を全国47都道府県ごとに選定された自然や環境，文化財などの保護・保全活動に活用するもので2009年から2015年に行われた。佐賀県の寄付対象の1つとして虹の松原の再生・保全活動は第4弾（2010年）第6弾（2012年）第7弾（2013年度）第8弾（2014年度）に指定され，合計700万円以上が佐賀県に寄付されている。

またお茶で知られる飲料メーカーの株式会社伊藤園による「お～いお茶　お茶で日本を美しく」キャンペーンでも継続的な寄付が行われている。このキャンペーンでは「お～いお茶」商品の売り上げの一部を各都道府県の環境活動などに寄付を行っており2010年より行われている。その中で佐賀県は虹の松原と有明海が支援先として指定されている。寄付は例年30万円程度が佐賀県に対して行われている。また年によっては保全活動へのボランティア参加も行われている。

このような活動はただの寄付行為というわけではなく，「コーズ・リレイテッド・マーケティング」の一環と考えられる。コーズ・リレイテッド・マーケティング（CRM）とは，環境のみならず社会問題全般に対して，社会問題の解決とマーケティングの成功を両立させよう，という概念である。例えばミネラルウォーター「Volvic」が実施した，1ℓの水が売れたら，アフリカで10ℓの清潔な水を生む活動をする，とした「1ℓ for 10ℓ」キャンペーンが有名でそれ以降多くの企業で採用された。アサヒビールと伊藤園のキャンペーンは典型的なCRMであると考えられる。

5 保全活動の現状・評価・課題

虹の松原の事例は森林関係者にも著名なものであり，海岸林保全のモデルケースとみなされている。実際にKANNE事務局長の藤田氏によると毎年多くの視察があるとのことである。現状では地元の主要な企業の参加・支援を得て，市民の理解も得た上で保全活動は継続されており参加人数も増加傾向であり，その活動は順風にも見える。一方で200haを超える虹の松原においてアダプト地は2018年度で56［ha］であり松原全体の４分の１程度にすぎない。また増加傾向にあるものの，近年は大幅には増えておらず，まだまだ不十分という声も聞かれた。しかしながら虹の松原のように海岸林を継続的に保全しているケースは貴重であり，保全活動の成功要因について他地域にとって参考になる部分も多くみられると考えられる。一方で当然ながら虹の松原の真似をすればうまくいく，というわけではなく，虹の松原の特殊な事情がある部分も理解する必要がある。以下では主に「継続的な保全活動」に焦点を当てて成功要因を整理してみる。

a）保全活動成功の要因

虹の松原では地元の有力企業がアダプト制度の中心を担うことで継続的な活動が維持されている。クリーン大作戦のような自由参加活動もあるものの，その参加人数の数倍の延べ人数の市民が地元企業によるアダプト制度参加を通じて保全活動に参加しており保全活動において地元企業の存在感はとても大きい。近年，企業の社会貢献が一般化する中で企業は一定の社会活動や地域貢献を行いたいと考えている場合が多く，その中で知名度のある虹の松原の保全活動は企業にとって最適と考える企業が多かったと考えられる。さらに地元に貢献したいという意欲があるため継続意欲が強いこともあるだろうし，地元の視線を意識するなど，しがらみがあり一度参入するとやめにくい，という面もあると考えられる[3)]。また作業する従業員も地元出身者・唐津市民であることが多い。そのため公私ともに虹の松原に接している人が多いため愛着を持ち作業に積極的な人が多くなると考えられる。さらに作業に至るまでの労力・時間が短いことも地元企業にとって有利な点である。しばしばボランティア活動では遠方に出かけていって活動時間よりも移動時間が長くなってしまうようなことが起こりえるが，地域に在住している人が行う活動は移動の時間・労力も少ないため継続しやすい面があると考えられる。そして企業は継続的に存続し人の異動も比較的緩やかである。ボランティア主体として学生が想定されることが多いものの学校に較べれば企業の人の変化は緩やかである。とりわけ地方の企業は全国転勤などないことも多く，唐津やその周辺で勤務し続ける可能性が高い。そして企業内での参加のはたらきかけは比較的有効性が高いと考えられる。調査した企業において強制されている様子は一切ないものの，職場での推進は一定の説得効果があると考えられる。職場での推進の有効性は李（2007）なども挙げており同様のものと考えられる。海岸林のような継続的な作業が必要なボランティア活動においては地元企業の参加と市民の参加は不可欠の存在であることを虹の松原の事例は示していると考えられる。

虹の松原の保全成功においてはKANNEの存在も忘れてはいけない重要な要素である。アダプト制度の精力的な勧誘を地元企業に行ったのは事務局長の藤田氏を中心としたKANNEの功績である。さらにKANNEによる支援はアダプトの獲得だけではなく，アダプト参加後のフォローも行っている点も重要な成功要因の１つと考えられる。前述の通り企業はある程度継続的とはいえ担当者が変わりノウハウが失われるといったことはしばしば起こりえる。企業に社会貢献についてインタビューすると「前任者が始めたのでよくわからない」といわれることがしばしばあり本業とは違いこまめに引き継ぎなど行わないことが想像される。そこでKANNEが保全活動の説明や道具の貸し出しなどを行えることで企業で欠ける可能性がある部分をうまく補完していると考えられる。KANNEのようなNPOは行政機関とは異なり基本的に人事異動は起こらないこともノウハウが蓄積しやすく，また人的な関係を維持しやすいと考えられる。企業の側もKANNEや藤田氏に問い合わせればよい，と把握することで保全活動に集中できる面があると考えられる。また藤田氏は企業側から絶大な信頼を得ているがそのような人が異動せずいつもいるのは企業側としては信頼感に繋がっていると考えられる。

また保全活動の運営も巧みである。「クリーン大作戦」は毎回２時間程度を恒

図表3-5　唐津商工会議所のホームページの画像

出所：唐津商工会議所ホームページより引用。

図表3-6　唐津信用金庫ホームページの画像

出所：唐津信用金庫ホームページより引用。

図表3-7　虹の松原が取り上げられた唐津市報の表紙（2019年１月号と2013年８月号）

出所：唐津市ホームページより引用。

例としていて，午前中で終わるようなスケジュールとなっている。一方で２時間程度の活動でありながら松原の清掃活動は成果がわかりやすく参加者はボランティアをした実感を得やすいと考えられる。後述するように虹の松原は面積が広くアダプト地もすべて埋まっていない現状がある一方で適度に活動をコントロールすることで継続的な参加に繋がっていると考えられる。

そして，虹の松原においては唐津市民の虹の松原に対する愛着が大きな原動力となっている。唐津市民の虹の松原に対する愛着は大変に強いものがある。保全参加企業の従業員は地元出身者や唐津市民が多い。虹の松原は唐津市において最も著名な場所の１つであるため，自然と虹の松原を保全したいという気持ちを持ちやすい人たちが保全活動に参加しているのである。市民が虹の松原に愛着を持っているのは「松原」「海岸林」だからということではなく，「唐津のシンボル」として市民が強く愛着を持っているから保全活動の意欲が高いと考えられるのである。さらに愛着の要因の１つとして松原との接触が日常的に比較的多いことが考えられる。前述の通り虹の松原は交通量の多い道路に面しており，駅も近くにある。また唐津市民にとっては遠足で鏡山から景色としての松原をみることは恒例となっている。さらにこの景色はポスターなどでしばしば使われており，市民になじみのある景観である。例えば図表3-5，3-6，3-7は商工会議所のホームページ，地元金融機関である唐津信用金庫のホームページ，唐津市の市報の表紙である。このような形で松原を日常的に目にすることが理想の状態の理解，愛着の育成に寄与していると考えられる。

他の地域では唐津と虹の松原の関係のような愛着や接触は期待できない場合の方が多いと考えられる。一方で地元企業を想定したアダプト制度を整備する点や１回あたりの作業を控えめにしていく点などは応用が可能であると考えられる。

b）虹の松原保全活動の課題

一見成功しているように見える虹の松原の保全活動にも課題は多い。第一に挙げられるのは前述の通りアダプト地登録者の不足である。図3-8のような虹の松原のアダプト地の管理状況となっており，濃い色の部分がアダプト登録地であり薄い部分は未登録となっている。登録地は25％ほどであり，増加のスピー

図表3-8　アダプト地の管理状況

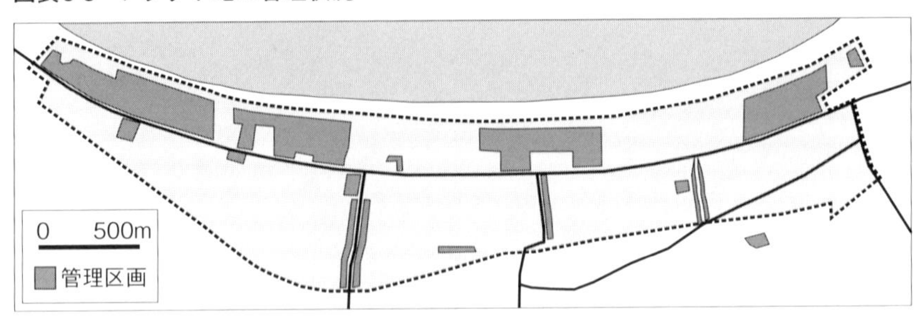

ドは遅くなっているためアダプト地を埋める根本的な改善か埋まらない前提の管理が求められるであろう。

また関連する機関が複雑であることも課題である。前述の図表3-2にも一部が登場している通り，保全活動は国（林野庁），佐賀県，唐津市が関与して行われている。さらに特別名勝は文化庁の管轄となっており関連する行政機関が多い。現状ではKANNEが緩衝材のような立場でいるものの意思決定が統一されていない面がある。

加えて地元に対してのアピール不足が考えられる。現在はホームページなどで一定の広報はされてはいるが，市民にとって保全活動参加企業はわからない状況にある。現状ではアダプト参加企業はあまりアピールに熱心ではないが，前述の通り保全活動の拡大を目指すためには広報の拡大は不可欠と考えられる。

謝辞

本稿執筆にあたりNPO法人唐津環境防災推進機構KANNE事務局長藤田和歌子氏には多くの示唆をいただいた。また視察に際して様々な形でご協力をいただいた。多くの企業にインタビューができたのは藤田氏の口添えも大きい。研究への協力には筆者一同感謝致します。

[注記]

1）筆者らは2016年8月16日～18日，2017年2月21日，2018年3月3日～5日の3回にわたり虹の松原を視察し関係者にインタビューを行った。本稿はその結果を反映している。
2）ここでは杉谷ら（2014），唐津市ホームページ，KANNEのホームページを参照した。
3）KANNE事務局長の藤田氏によれば一度アダプト地を持った後に離脱した企業は存在す

るものの極めて少ない，とのことであった。

［引用・参考文献］

杉谷昭・宮島敬一・神山恒雄・佐田茂（2014）『佐賀県の歴史』山川出版社。
村井宏（1992）『日本の海岸林－多面的な環境機能とその活用』ソフトサイエンス社，p.513。
李振坤（2007）「エコロジー行動意図の規定要因分析：職場など公的場所での消費者集団の一員としての省エネ・キャンペーンに対するエコロジー行動意図」『横浜国際社会科学研究』12（3），pp.365-386。
渡辺太樹・横内憲久・岡田智秀・三溝裕之（2006）「『虹の松原』における景観管理方策に関する研究 管理内容と景観構造との関連性」『景観・デザイン研究論文集 1』pp.107-114。

アサヒグループホールディングス株式会社ホームページ：
https://www.asahigroup-holdings.com/（2020.02.05閲覧）
伊藤園株式会社ホームページ：https://www.itoen.co.jp/（2020.02.05閲覧）
NPO法人唐津環境防災推進機構KANNEホームページ：
http://www.karatsucity.com/~kanne/（2020.02.05閲覧）
唐津市ホームページ：https://www.city.karatsu.lg.jp/（2020.02.05閲覧）
唐津市商工会議所ホームページ：http://www.karatsu.or.jp/（2020.02.05閲覧）
唐津信用金庫ホームページ：http://www.karashin.co.jp/（2020.02.05閲覧）
虹の松原七不思議の会ホームページ：http://nijinonanafusigi.la.coocan.jp/（2020.02.05閲覧）

第4章 鳥取県弓ヶ浜海岸林の事例

写真4-1　弓状に形成された弓ヶ浜海岸林（境港方向を望む）

1 地域概況

弓ケ浜海岸林は鳥取県西部の日野川河口から島根半島に延びて中海と日本海を隔てている弓ケ浜半島に位置し，東西の幅が約4［km］，南北の長さが20［km］に及ぶ国内最大の砂州である。弓ヶ浜海岸林は弓ケ浜半島の美保湾（日本海）に面した側を指し，境港市，米子市，日吉津村にまたがって成立しており，全長が約18［km］，平均林帯幅が約400［m］，面積は約160［ha］で，現

図表4-1　弓ヶ浜海岸林の位置

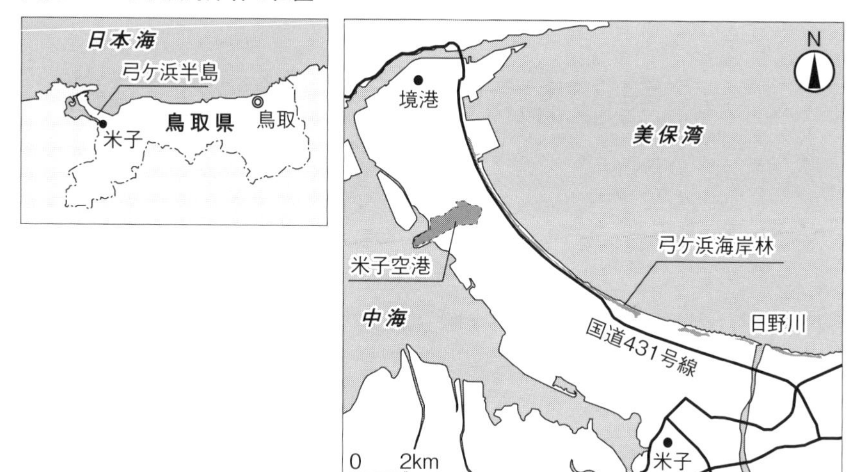

図表4-2「弓ヶ浜・白砂青松そだて隊」の参加団体数・構成員数の推移

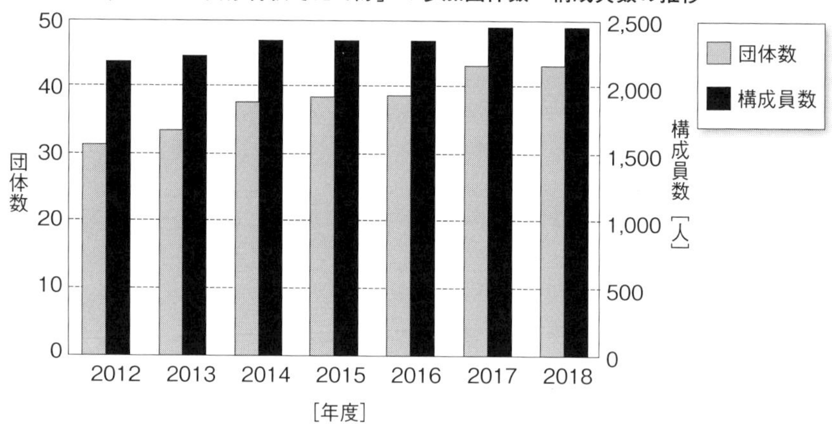

在は国道431号線と美保湾との間を主体として成立する。森林はクロマツを主体とした県有林である。

弓ヶ浜海岸林では2010年度の豪雪（平成23年豪雪，山陰豪雪）によって大規模な倒木被害を受け，国庫事業等による復旧作業が実施されたほか，地元及び県外からのボランティア（約800名）による雪害木撤去や植栽作業が行われ

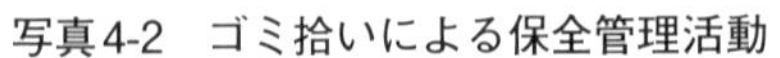

写真4-2　ゴミ拾いによる保全管理活動

た。当地では2008年（平成20年）に「弓ヶ浜のマツ守り隊」が結成されていたが，この雪害を機に2012年（平成24年）には鳥取県が事務局となり弓ヶ浜・白砂青松アダプトプログラム事業として自治会・企業・NPO法人及び各種団体等で構成される「弓ヶ浜・白砂青松そだて隊」が発足した。活動は海岸林内を区域に分けて各区域を各団体が担当して管理するアダプト方式であり，草刈りと清掃活動のほか，除間伐や植栽，植栽のための管理歩道の整備，松枯れ予防としての樹幹注入等を実施している（草刈りと清掃活動以外は各団体の任意）。各団体は県に対して活動計画書を提出し，県は各団体に対して活動に必要な報奨金（上限額あり）を交付している。年度末には活動報告会を開催し，その年度の活動報告のほか，ゲストを招いての講演会等も実施している。参加団体数は開始当初は30団体（2,181名）であったが，2018年度（平成30年度）には41団体（2,447名）まで増加した。

2 保全活動の現状・評価・課題

2-1 保全活動の現状

a）行政主体の保全活動の現状

鳥取県は，2011年より前から維持管理を実施していた。和田町は，独自の活動として実施していた。この和田町の活動を参考として，アダプト制度を取り入れた。

アダプト制度の実施については，2003年頃から検討はしていた。特に観光資源となっている弓ヶ浜の松が2011年の大雪で被害が出たため，アダプト制度の検討が始まった。

b）NPO・地域活動団体主体の保全活動の現状

NPO・地域活動団体については，鳥取県内のNPO・地域活動団体Cの1団体にヒアリング調査を実施した。

当会は，自治会を中心に発足した会である。会員は，自治会員で，現在の会員数は，62名である。ただし，新規で入ってくるメンバーはいない。

当会の保全活動は，2017年度は，8月を除き，月平均2回実施し，年間で約14回実施している。作業内容は，除草と植林である。除草は，個人所有の草刈り機16から17台を使用しておこなっている。草刈り機の燃料は提供している。植林は，毎年1,000本程度おこなっている。このうち約半分は，和田小学校の3年生の有志を募集して授業時間内に実施している。参加者は，先生やPTAを含めて80から90名程度である。ただし，このまま続けていくと，1年から2年で植えるところがなくなると思われる。

活動の参加者は，自治会員のみで，概ね30名程度が参加している。なお，この参加者のうち20名から25名程度が決まった人である。1回の活動時間は，3時間程度であり，飲み物を用意している。

活動案内は，年間スケジュールを決めているため，それを配布することで案内としている。なお，公民館の広報誌には，公民館のスケジュールとして掲載されている。

c) 民間企業主体の保全活動の現状

民間企業については，鳥取県内に本社のある２社（銀行業Ａ社，食料品製造業Ｂ社）に対してヒアリング調査を実施した。

(1) Ａ社の保全活動の現状

Ａ社の海岸林の保全活動への参加理由は，豪雪で松の枝が折れているのを見て，企業としても何か手伝わないと思い参加したとのことであった。参加当初は，企業として地域貢献を謳っているので，その選択肢の１つとしてボランティア活動として参加していた。

保全活動は，年２回（６月と９月）実施している。作業内容は，松の周辺を手作業での草刈りとゴミ拾いである。草刈りには，草刈り機を会社所有と個人所有を合わせて４台程度利用している。

保全活動の参加者は，社員のみである。参加募集は，支店ごとに年２回のうち，１回はボランティアとして参加して欲しいとお願いしている。１回あたりの参加者数は，70名程度である。この活動は，社員間の情報交換の場や同期が集まる場にもなっている。

保全活動の結果の報告は，県には，写真とともに実施内容を報告しているが，社員には報告はしていない。ディスクロージャー誌に活動内容を掲載したこともあったが，実態としては積極的には報告していないといえる。

今後は，社内のイベントという位置づけより活動の趣旨に賛同できる社員に参加して欲しいと思ってきている。

(2) Ｂ社の保全活動の現状

Ｂ社の保全活動は，１年間に３回を目指しているが，実際は２回（２月と６月）の実施となっている。作業内容は，草刈りとゴミ拾いである。なお，草刈りには，草刈り機を会社所有と個人所有を合わせて２台利用している。

保全活動の参加者は，社員と社員の家族である。参加募集は，社内の掲示板と朝礼で実施している。１回あたりの参加者数は，20名から30名程度であり，そのうちの約80%は同じメンバーである。なお，この活動は，社員と社員の家族とのコミュニケーションの場として活用されている。

保全活動の結果の報告は，社員には活動の開始と終了をメールにて配信をしている。活動結果は，社内報や掲示板に掲載している。しかし，社外への広報はほとんど行っていないとのことであった。

2-2　保全活動の評価

a）行政主体の保全活動の評価

行政は，保全活動の評価として，アダプト制度では，活動内容は各団体に任せており，裁量を与えている。そのため，参加者は，ある程度自由な活動をおこなうことができる。一方，活動時期も自由としているため，参加団体間の調整とは難しいと思われると述べていた。

b）NPO・地域活動団体主体の保全活動の評価

NPO・地域活動団体は，保全活動の評価として，４年前から樹幹注入しているせいか，数本ではあるが松枯れが減ったような気がする。松林の役割は，強風を防ぐ目的よりも潮風を防ぐのが目的であると考えられる。地元の人には，この会の活動の効果は感じられているとは思われると述べていた。

c）民間企業主体の保全活動の評価

（1）Ａ社の保全活動の評価

Ａ社は，保全活動の評価として，保全活動に参加して，自分の担当エリアだけに草が生えている状況は良くないと思っている。一方で，自分の担当エリアだけすごいことをしたいとも思っていない。今後サイクリングロードもできるため，この地域に来た人に良いところと思ってもらえるようにしたい。そのためには，他のエリアを担当している企業等と，同一日程で実施すれば，ある程度広いエリアが綺麗になるなど，ボランティアをしている人とたちとの間で一体感が生まれるのではないかと思っていると述べていた。

（2）Ｂ社の保全活動の評価

Ｂ社は，保全活動の評価として，保全活動への参加には，多くの費用がかからないため，参加はしやすいと思われる。ただし，参加者に何を楽しみに参加してもらえるかを考える必要がある。しかし，現状は，他の社員や家族とのコミュニケーションの場や，海を見ることができることの楽しみにとどまってい

図表4-4　2015年度から2017年度のNPO・地域活動団体Cの草刈・清掃活動の開催月別の活動回数

	4月	5月	6月	7月	8月	9月	10月	11月	合計
2015年度	2回	2回	2回	0回	1回	2回	1回	0回	10回
2016年度	2回	2回	2回	3回	0回	0回	0回	0回	9回
2017年度	3回	1回	2回	3回	0回	2回	2回	1回	14回

出所：鳥取県西部総合事務所農林局HP（https://www.pref.tottori.lg.jp/12368.htm）。

図表4-5　2015年度から2017年度のNPO・地域活動団体Cの草刈・清掃活動の開催月別の開催回数

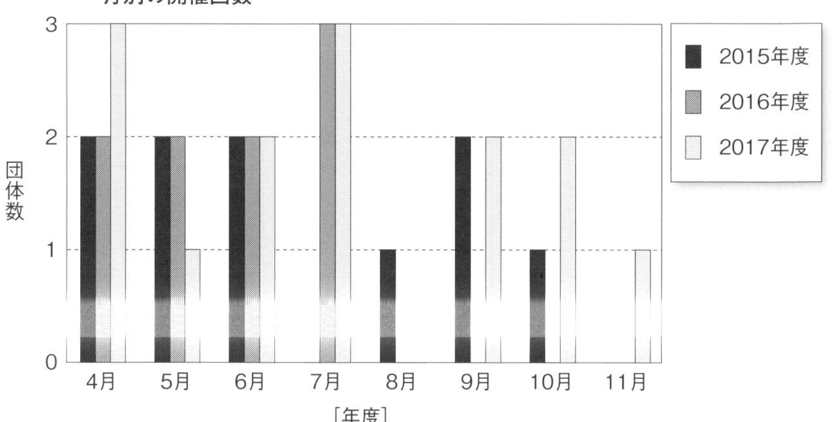

出所：鳥取県西部総合事務所農林局HP（https://www.pref.tottori.lg.jp/12368.htm）。

かった。2017年度は，８月を除いた４月から11月に開催されていた。また，開催回数の最も多い月は，４月と７月の３回であった（図表4-4，図表4-5）。

e）2017年度の草刈・清掃活動の開催月別の延べ参加人数と活動１回あたり参加人数

2017年度の草刈・清掃活動の参加人数を月別に示すとともに，活動１回あたりの参加人数を求めた（図表4-6）。

その結果，年間の延べ参加人数は，397名で，活動１回あたりの平均の参加人数は，28.4人であった。月別に見ると，延べ参加人数は，活動回数が多い４月が103人であった。なお，４月と同じ活動回数の７月は，86名であったことか

図表4-6　2017年度の草刈・清掃活動の開催月別の延べ参加人数と活動1回あたり参加人数

	4月	5月	6月	7月	8月	9月	10月	11月	合計
活動回数（回）	3	1	2	3	0	2	2	1	14
延べ参加人数（人）	103	30	60	86	0	55	36	27	397
1回あたり参加人数（人／回）	34.3	30.0	30.0	28.7	0.0	27.5	18.0	27.0	28.4

出所：鳥取県西部総合事務所農林局HP（https://www.pref.tottori.lg.jp/12368.htm）。

ら，４月の参加者が多いといえる。１回あたりの平均参加人数は，４月から６月までは，１回あたり平均で30名上が活動に参加していた。しかし，それ以降は，30名以下であった。特に10月は，平均18人と最も少なかった。

［引用・参考文献］

村井宏ら編（1992）『日本の海岸林―多面的な環境機能とその活用―』ソフトサイエンス社，p.513。

鳥取県ホームページ：https://www.pref.tottori.lg.jp/（2019.11.13閲覧）

鳥取県西部総合事務所農林局ホームページ：https://www.pref.tottori.lg.jp/12368.htm（2020.01.23閲覧）

第5章

山形県庄内海岸砂防林の事例

写真5-1　林の北端部（遊佐町十六羅漢岩）からみた庄内海岸砂防林

1 地域概況

庄内海岸砂防林は山形県日本海側の庄内砂丘に位置し，砂丘の延長は約33km，面積が7,500haで鶴岡市，酒田市，遊佐町にまたがる。海岸林はそのうちの2,500haを占め，延長は約33km，林帯幅は1.5～3kmで，中央を最上川が横断している。この最上川を境にして川北（右岸側）と川南（左岸側）とでは林帯の配置が大きく異なり，川北は比較的林帯幅の狭い中を南北に国道７号線が，

図表5-1　庄内海岸砂防林の位置

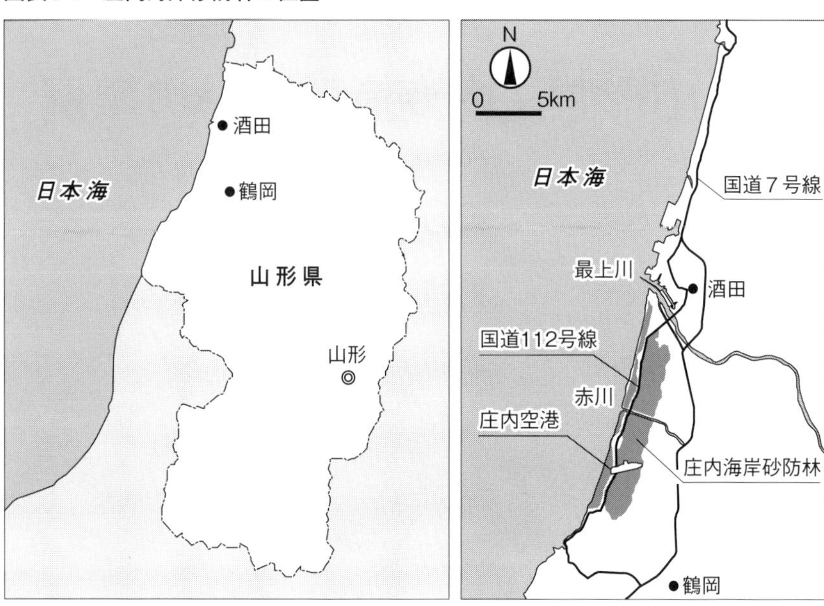

川南は比較的林帯幅の広い中を南北に国道112号線が，さらには庄内空港が設置されている。森林はクロマツ林を主体としているがニセアカシアといった広葉樹も多く見られ，国有林や県有林といった公有林，個人や団体が所有する民有林の多くの所有形態が見られる。また林内には特産のメロンといった果菜類やトルコギキョウなどの花卉類を栽培・生産する農地があり，それら畑地の間に耕地防風林としても成立している。

庄内海岸砂防林では1970年代には戦後の砂防植林が終了し，高度経済成長と燃料革命による生活様式と管理意識の変化によって森林の手入れ不足が進む中，1979年（昭和54年）から松くい虫の被害が発生し，1998年（平成10年）には大雪害が，その後も2002年（平成14年）と2016年（平成28年）にも大規模な松くい虫被害に見舞われた。そして雪害の翌年の1999年（平成11年）に砂防林整備ボランティアが，2002年（平成14年）には行政機関・教育機関・森林ボランティア団体・森林組合が参加する「出羽庄内公益森づくりを考える会」が発足した。「出羽庄内公益森づくりを考える会」では関係者が平等な立場で一堂に会

図表5-2　庄内海岸砂防林に関する学習・保全活動の参加人数の推移

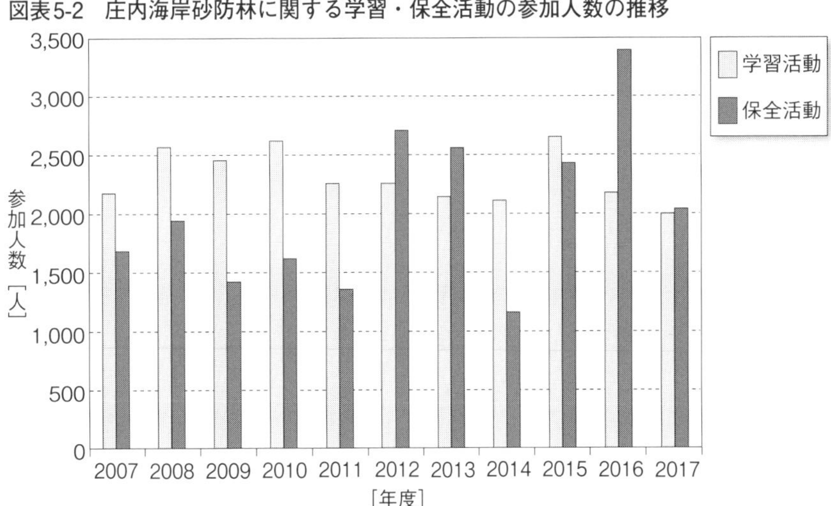

出所：庄内海岸松原再生計画（2019）より作成。

写真5-2　光が丘公園内にある交流施設

し，定期的な情報交換や意見交換を通じてつながりあうネットワークの場づくりを大事にしており，松原の維持管理計画としてゾーンごとに設定した目標林型を目指し，県によるサポートをもとに多くの活動団体の活動のほか，普及啓発活動としての森林環境教育活動なども行っている。砂防林に関する学習・保全活動への参加者数は年間で4,000～5,000名で推移し，累計参加者数では50,000名に迫る（2017年度現在）。

2 庄内海岸砂防林の保全活動に至る歴史的経緯

まず，庄内海岸林の保全活動の現状を考える上で重要なのは，庄内海岸砂防林の保全活動に至るまでの歴史的経緯を確認しておくことである。具体的には，庄内平野や庄内砂丘（古砂丘）の形成と製塩のための森林伐採と新砂丘の発達による二層構造化の形成，これを背景とした砂防植生に携わった先人たちの努力である。これらが「文化的景観」としての庄内海岸砂防林の保全活動につながっている。

こうした歴史的経緯を丹念に整理しているのは，梅津勘一氏である。梅津氏は庄内海岸砂防林の保全活動の成立について「先人が残した業績」の上に成り立つと評価する。以下に，梅津（2003）に依拠しながら，歴史的経緯について整理していく[1]。

2-1 庄内砂丘の二層構造化

庄内砂丘は，3500年前頃までに形成された古砂丘とその上に堆積した戦国時代の中で形成された新砂丘の二層で形成されたといわれている（図表5-3参照）。

古砂丘は，かつて内湾であった庄内平野が8000年前頃より「鳥海山麓と加茂台地の間に『砂洲』が発達し，それが堰き止められる形で『潟湖』が形成」された。その後，7000年～3500年前頃まで「河川から土砂の流入や海面低下などにより次第に潟湖は陸地化し，砂州が発達」して古砂丘が形成されている。この古砂丘が形成された後の1000年前頃までは，「砂の移動の少ない安定した時期」として「広葉樹を主とした自然林が存在していた」。その根拠として，1927年に完成した「赤川新川開削中の1921年に，砂丘頂の下30 mの川底付近に発見

図表5-3　庄内砂丘の二層構造概念図

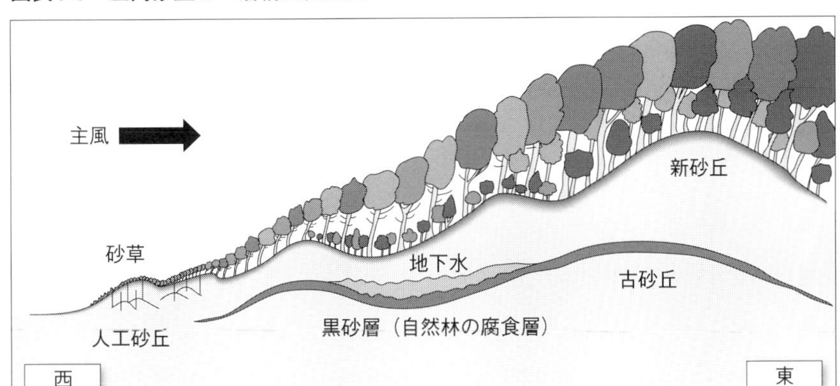

出所：梅津勘一（2003），p.2参照。

された黒森遺跡では，クリ，ナラ，ケヤキ，ヤナギなどの根株や縄文晩期の土器も発見され，古砂丘形成以前にも自然林が存在し，人が暮らしていた時代があった」ことが指摘される[2)]。

この古砂丘の上に形成された新砂丘は，「戦国時代の兵火と乱伐，そして，庄内を支配した最上氏が，塩を現物税としたことが，砂丘の森林の荒廃に拍車をかけた」と指摘されるが，それは塩を造り出す製塩法によるところが大きい。「製塩法は釜で海水を煮詰めるもので，砂丘の樹木は薪として大量に伐採され，上流の山からも『塩木』と呼ばれた薪が水運で運ばれた」というような過剰な伐採活動に発展したため，「植生の被覆を失った砂丘は恐るべき移動砂丘となり，飛砂と河口埋没による洪水で生活や農業が成り立たなくなる」といった状況を招いている。また，その当時は「開墾や伐採という行為はあっても『植林』という概念はまだなく，内陸部からの土砂の流出も多い時代」であったため，砂丘が急激に発達していった[3)]。

こうして形成された古砂丘と新砂丘の二層構造ではあるが，「古砂丘上にかつて森林が存在した証とである黒砂層と呼ばれる腐植層があり，それが不透水層の役目を果たして，砂丘地でありながら豊富な地下水をかん養」していることにより，「スプリンクラーの普及に伴い，砂丘地農業が急速に発展」することができた。ただし，「砂丘列間低地にあっては，地下水位が相対的に高い」ため，融雪期などに農地の冠水も生じてしまうこともある。[4)]

2-2 先人たちによる植林活動[5)]

海岸砂地での植物の生育環境は「風，塩分，水分，養分，湿度などすべての面から極めて厳しい」ため，「生育できる植物の種類は限られてくる」。また「海に近いほど環境条件が厳しくなり，樹種や樹高が制限される」といったことが前提となる。

上記の条件の中，庄内地域においては，1600年代中頃から植林活動が開始されるが，まずは探索的かつ模索的な活動から開始されている。「当初は砂地に植生を導入することが先決であり，人々はあらゆるものを植えた。その後，砂地に適したグミやネムノキの植え付け，ヤナギの挿し木等が盛んに行われ，砂防植林の主林木としてクロマツにたどり着くのは1700年代に入ってから」となる。

主林木としてのクロマツは，「乾燥，潮風，貧栄養に耐え，他の植物が生育し得ない条件」でも生育が可能である。それは，「マツの根には特有の外生菌根菌が寄生し，マツの根から養分を受けて繁殖する一方で，空気中の窒素を固定し，土壌中のリン酸をマツが吸収できる形態に変えることによって，マツへの養分供給を増加させる共生関係」にあり，この菌根菌の存在が，マツが痩せ地に耐える大きな要因と指摘される。また，ネムノキやグミは，「根に共生した根粒バクテリアが根粒をつくり，空中窒素を固定するため，やせ地を肥やす『肥料木』としての働きがあり，荒廃地緑化の先駆樹種」として用いられる。

こうして庄内地域では，1700年代中期から砂丘地の植林を行うこととなるが，そこに至るまでにその先駆的役割を果たした人物や，その代表的人物の志を継いだ親族たちが存在している（砂防植林の先駆的役割を果たした人物の地域等は，図表5-4参照）。

まず，藩の植林指導者として活躍した代表的人物は，来生彦左衛門（1659-1748）である。最上川以北の砂防植林の先駆者である来生は，砂丘地の荒廃が進む中，庄内藩の林業政策が確立していない段階から，スギ，キリ，タケ，ウルシ，ネム，グミなどの植林活動を行っている。また，当時すでに砂丘植林を開始していた越後の村上に行き，クロマツなどの種子を持ち帰り，苗木の養成方法を研究している。

図表5-4　庄内砂丘植林図

出所：梅津勘一（2003），p.3参照。

庄内藩では1707年に植林指導監督者となる「植付役」という役職が制定され，この初代植付役となったのが来生である。来生は，植林活動を通して「砂留垣や諸木の導入により砂地の安定を図ってからクロマツを植えるべき」ということを理解する。また，彦左衛門の子供の八十郎も藤崎地区での入植に貢献し，彦左衛門の孫である宇兵衛も植付役となるなど一族にも植林活動が継承されている。

次に，最上川以南の砂防植林指導者であった佐藤太郎右衛門（1692-1769）である。佐藤太郎右衛門の一族はそもそも開拓者精神にあふれている。太郎右衛門の祖父である治郎右衛門は1656年に茨新田を拓き，父である善五郎は1706年に広岡新田を拓き，新しい集落の治水や農業の発展にも貢献している。太郎右衛門は1745年に京田通植付役となり，菱津山以北宮野浦までの川南地区全体の植林を行っていたが，さらなる植林遂行を目的として坂野辺新田の開発を藩に申請し，1762年に開発の許可を得ている。また，1765年には，植林の大切さを伝えるべく「子々孫々に達せる言伝え書」を作成している。その後，子孫も5代にわたり植付役を継承し，砂防林の造成と飯森山地区の開発などの地域に貢献をしている。

続いて商人として活動し，その蓄積した私財を植林活動に注いだ先駆的な人物として，佐藤藤蔵（1712-1797）が挙げられる。藤崎地区の植林活動を行っている藤蔵は，父である彦左衛門とともに酒田で酒造業を営み成功していたが，その私財を公共の植林活動に投じている。「日向川以北長さ4.3km，幅は海岸までの土地を預かり地として藩に申請」し，植林を願い出る。ただし，「準備，経験不足」により，植林はうまくいかず，1751年の酒田大火では家屋を失っている。その翌年の1752年に藤蔵の父の彦左衛門は亡くなるが，「我死しても跡にて植付を怠ることあらば子孫たへるべし，また植付に昼夜心を寄せ出精あらば我霊彼山にとどまりて，朝夕の守神となりて禍貧苦わつらひの難を遠ざけ，子孫繁昌なる事，浜の草の茂るが如し」と遺言を残している。1755年に藤崎村に移住した藤蔵は，その後も砂防植林活動を行い，子孫も植林活動を継承している[6)]。

この佐藤藤蔵の預かり地の植林活動は，堀善蔵らによって進められる。そもそも佐藤藤蔵の預かり地は広大であったため，植林活動自体が遅延していた。そのため1777年から藤蔵の預かり地の南部における植林活動は，「堀善蔵を中心とした21ケ村が立ち上がり，遊作郷である藤蔵預かり地の南半分を分割し，借地山として藤蔵から借り受けて植林」を行ってきた。また「堀善蔵と荒瀬郷４ケ村，遊佐郷浜方２ケ村では，1787年に旧日向川河口右岸と新御林」として植林活動を進めていった。[7)]

さらに豪商であった本間家３代目の本間光丘（1732-1801）も植林活動に尽力している。「酒田では，1729年頃より植林活動が進められた」が，「1741年から町民の依頼に応じて２代目本間光寿が植林」活動に取り組んでいた。この活動を継承したのが光丘である。光丘は，27歳であった1758年に「最上川以北長さ1800m，幅450mの地への防砂植林10ケ年計画を上申」している。当時はすでに各地の植林活動を参考としつつ植林活動を行ったと考えられるが，「数十万個の砂嚢により人口砂丘を築造し，グミやネムを植えてから，能登から取り寄せたクロマツを植林する」という商家としての財力に基づき植林活動を実践していった。こうした松林の植林活動が「酒田の町と農地を直接的に北西風と飛砂から守るとともに，植林事業は藩財政が困窮した時代にあって多くの雇用を創出し，民の生活も支えた。そして，民の暮らしを守り，農地を守ることが，すなわち最終的には本間家の繁栄にもつながっている」と捉えたことが大きいと考えられる。本間家はその後も「代々防砂林の経営に尽力し，1918年には，光丘の功績をたたえ，植林地の地名が『長坂』から『光ケ丘』と改称」されている。そして現在でも「光ケ丘松林」は市民に親しまれている。

さらに菅里地区の植林を行ったのは，曽根原六蔵（1742-1810）である。佐藤藤蔵の甥にあたる六蔵は，藤蔵と同様に酒造業を営んでいた。六蔵は1780年に「北部，吹浦川までの長さ2500m，幅1000mの範囲を分割して自費植え付けすることを申請し，許可」を得ている。1802年には，「藩でその功績を認めて260haを永代預り地として交付し，菅野村と命名」される。六蔵の死後も「子孫６代にわたり植林」活動を継承している。

最後に吹浦港改修を行った阿部清右衛門（？-1844）である。吹浦は当時「近隣の海岸線一体の避難港」としての位置づけにあった。しかし，「飛砂流砂のため河口の変化が著しく，船舶の出入りは困難」な状態であった。特に吹浦は飛島村との交通の要所であるため，飛砂流砂を防ぐことは交通の利便性を高めるための課題でもあった。そこで，清右衛門は，「築港事業と砂防林造成を企て，飛島村に同志を求め，藩に融資を求め」たものの，協定が成立しなかったため，

図表5-5　庄内砂丘の一般的な横断図

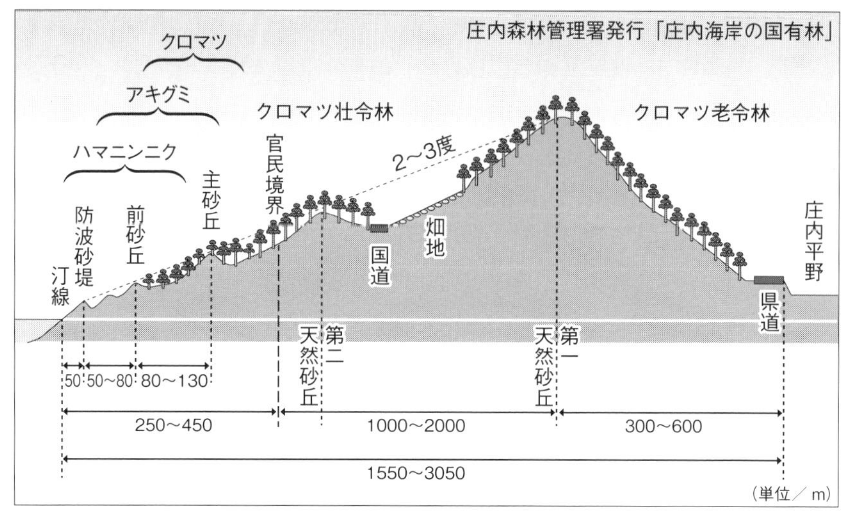

出所：出羽庄内公益の森づくりを考える会（2019），p.10参照。

「工事が成功し飛島漁船が河口に支障なく出入りし得る場合は，1艘につき年銀十匁を工事補助費として出金すること，河口不完全にして出入り不能の場合は1銭も出金せざること」という協議を行い，1821年から私財を投じて事業活動を行っている。1831年に築港は完成し，それと並行して1826年に「河口南側の砂丘にネムノキを500本植栽するなど，砂防林造成に着手し，その後さらにクロマツを植え付けた。当時は苗畑等の施設もなく，野生のマツ苗を採取するなどして十数年の間，植林に尽力」していった。そのため，現在も西浜キャンプ場付近のクロマツ林は「清右衛門爺山」と呼ばれている。

　このように，多くの先人たちによる植林活動が定着していく中で庄内海岸砂防林はつくられてきた。来生氏のように藩の「植付役」制定以前から植林活動の重要性を認識し活動することで，藩の初代植付役として先駆的に取り組んでいった人物，佐藤太郎右衛門氏のように開拓者精神をもって植林活動を行った人物，さらには佐藤藤蔵氏や本間氏のように，商人として成功した後，その商家としての私財を投じて公益活動である植林活動に尽力する人物など，様々な立場による代表的人物やその親族を含む植林活動の実践やその精神が近年に至るまで脈々と受け継がれていると考えられる。

　300年以上をかけて先人たちの努力が継承されたことにより，庄内海岸砂防林は形成されてきた。こうして現在のような庄内海岸砂防林の姿がある。それは,「庄内海岸砂防林の基盤である庄内砂丘は2列の天然砂丘列からなり，内陸側ほど標高を高め」ている。「その以西，汀線側の砂丘列のほとんどは戦後に造成された人口砂丘」によって形成される。「汀線の一番近いところからハマニンニクなどの砂草地，アキグミなどの犠牲林帯，人口砂丘上の戦後植林されたクロマツ林帯と続き，第二天然砂丘のクロマツ林，第一天然砂丘のクロマツ林となっている」のが，庄内海岸砂防林の一般的な姿となる（図表5-5参照)。

3 保全活動の現状・評価・課題

3-1 「文化的景観」としての多様な主体者で構成される公益の森づくり

近年の庄内海岸砂防林の保全活動における特徴は，多様な主体者に基づく「公益の森づくり」である。その契機は2002年に設立された「出羽庄内公益の森づくりを考える会」にある。この会は,「庄内海岸砂防林の学習活動・保全活動を実施している団体が連携して一体的に保全活動を進め，未来に引き継いでいく方法を話し合う場として，行政機関・教育機関・森林ボランティア団体・森林組合が参加」し,「活動に関する情報交換や意見交換，情報提供など」を行っている。この出羽庄内公益の森づくりを考える会は年3回程度開催され，この会を通して庄内海岸砂防林に関する情報共有や共通理解の促進を多様な主体者の中で深め，その考えを保全活動に活かしている。

発足当時の参加団体は，森林ボランティア団体（5団体)，教育機関（11団体)，林業関係団体（3団体)，行政機関（9団体）で28の団体が加盟していた(図表5-6参照)。

2019年3月時点では，森林ボランティア団体（5団体)，教育機関（10団体)，林業関係団体（2団体)，行政機関（8団体）で25の団体が加盟している（図表5-7参照)。

図表5-6　出羽庄内公益の森づくりを考える会2002年発足時点の参加団体一覧

分野	団体名
森林ボランティア団体	NPO庄内海岸のクロマツ林をたたえる会
	万里の松原に親しむ会
	砂丘地砂防林環境整備推進協議会
	森の人講座実行委員会
	飯森山の緑と景観を考える会
教育機関	山形大学
	東北公益文科大学
	鶴岡市立西郷小学校
	鶴岡市立湯野浜小学校
	酒田市立十坂小学校
	酒田市立黒森小学校
	酒田市立西荒瀬小学校
	酒田市立浜中小学校
	遊佐町立西遊佐小学校
	遊佐町立稲川小学校
	山形県庄内教育事務所
林業関係団体	出羽庄内森林組合
	酒田森林組合
	遊佐森林組合
行政機関	林野庁東北森林管理局庄内森林管理署
	林野庁東北森林管理局　朝日庄内森林環境保全ふれあいセンター
	国土交通省東北地方整備局酒田河川国道事務所
	山形県庄内総合支庁企画振興課
	山形県庄内総合支庁森林整備課
	山形県森林研究研修センター
	鶴岡市農山漁村振興課
	酒田市農林水産課
	遊佐町産業振興課

出所：出羽庄内公益の森づくりを考える会（2019），p.6参照。

図表5-7　出羽庄内公益の森づくりを考える会2019年3月時点の参加団体一覧

分野	団体名
森林ボランティア団体	NPO庄内海岸のクロマツ林をたたえる会
	万里の松原に親しむ会
	砂丘地砂防林環境整備推進協議会
	飯森山の緑と景観を考える会
	西郷砂防林環境整備推進協議会
教育機関	山形大学
	東北公益文科大学
	鶴岡市立西郷小学校
	鶴岡市立湯野浜小学校
	酒田市立十坂小学校
	酒田市立黒森小学校
	酒田市立浜中小学校
	遊佐町立藤崎小学校
	遊佐町立吹浦小学校
	山形県庄内教育事務所指導課
林業関係団体	出羽庄内森林組合
	酒田森林組合
行政機関	林野庁東北森林管理局庄内森林管理署
	林野庁東北森林管理局　朝日庄内森林環境保全ふれあいセンター
	国土交通省東北地方整備局酒田河川国道事務所
	山形県庄内総合支庁森林整備課
	山形県森林研究研修センター
	鶴岡市農山漁村振興課
	酒田市農林水産課
	遊佐町産業課

出所：出羽庄内公益の森づくりを考える会（2019），p.7参照。

3-2 出羽庄内公益の森づくりを考える会発足の背景と庄内海岸砂防林における諸課題

多様な主体者を持つ森づくりに至る背景には，1998年11月の大雪による庄内地方での１万本を超す倒木被害の発生が挙げられる。「大量のクロマツの幹や枝が折れる被害」の発生により，「多くの住民が庄内海岸砂防林の重要性」に注目するようになったのである。

もっとも，1970年代までは薪などの焚き付けとして用いられてきたため，松かさや枯れ枝などは生活者に親しい存在であった。しかし，燃料革命以後，生活者の生活様式が変化していくにつれて，生活者における松葉の経済的価値は相対的に低くなるとともに，生活者とマツ林とのつながりも薄くなっていく。それは一方では，マツ林の維持管理や保全活動の停滞を招き，かつ管理者の後継者問題などを生じさせる。こうしたマツ林の維持管理保全活動の不十分な状態が続いたことが，松くい虫の発生による被害や雪害による多くの倒木被害につながったといわれている[8)]。また，2011年３月の東日本大震災の影響によって，海岸林の津波に対する防災・減災機能の重要性についても注目され，さらに近年においては，生物多様性や砂草地の重要性についても再認識される[9)]

このように，庄内海岸林に注目が集まる中で発足した出羽庄内公益の森づくりを考える会による庄内海岸砂防林における問題点は，①松くい虫被害問題，②ゾーニングに基づく海岸林のあり方に関する問題，③植生遷移の観点からみた庄内海岸林周辺における生態系保全のあるべき姿，④海岸林の健全な基盤のあり方，⑤クロマツ林の過密化，⑥耕地防風林の荒廃と老齢化問題，⑦津波に対する防災・減災機能の発揮に関する問題などが提示される[10)]。

第１に，松くい虫被害問題であるが，1970年代後半から80年代にかけて庄内海岸林でもその被害が確認される。これは上述のように，クロマツ林の維持管理の停滞による「森林の健全性」の衰えが一因とされる。この対策として国や地方自治体が連携し，松くい虫防除や樹種転換事業などを行い対応している。ただし，豪雪や大型低気圧など「過激化する気象現象によるダメージ，間伐など手入れ不足やクロマツの高齢化による抵抗力の低下のほか，対策箇所の漏れなど様々な要因」により，「被害は容易に鎮静化しない状況」にあるため，継続的な取り組みが必要となっている。

第２に，ゾーニングに基づく海岸林のあり方に関する問題である。これは，それぞれの立地環境に適した海岸林のあり方を考えることである。例えば，クロマツのみによって形成されるいわゆる白砂青松の場所もあれば，クロマツと広葉樹によって形成される混交林化された海岸林の場所もある，ということである。もっとも，強い繁殖力のあるニセアカシアは，優占するとクロマツを被圧し，それによって防風や飛砂防止機能を発揮できない可能性があるため，駆除することが必要となる。

第３に，植生遷移の観点からみた庄内海岸林周辺における生態系保全のあるべき姿についてである。これはゾーニングに基づく海岸林のあり方に関する問題とも強く関連するが，時間の経過とともにそれぞれの場所に適した今後の庄内海岸砂防林のあり方は変わるということである。ある時点においては，クロマツのみの白砂青松が経済的にも社会的にも庄内地方に価値をもたらしたかもしれない。しかし，時の経過とともにクロマツと広葉樹の混交化ゾーンは増えている。こうした変化により，生物多様性の観点からもクロマツだけでは生育できなかった生物種が確認されている。植生遷移の観点から捉えることで，庄内海岸砂防林は「庄内独自の生態系の一役を担う重要な空間」として位置付けることができる。

第４に，海岸林の健全な基盤のあり方についてである。「庄内砂丘は，海から砂浜，砂草地，アキグミやハマナスの植生帯を経てようやくクロマツ海岸砂防林」に至る。「砂浜や砂草地が健全に保たれていることは，海岸林が成立する前提条件」となる。ただし，近年では「海岸の浸食による砂浜の後退という現象」が生じている。その原因として，温暖化などの気候変動といった自然的要因と，砂防ダムの整備による土砂供給量の減少といった社会的要因が指摘される。また，砂草地は，「飛砂を押さえて後ろに続く海岸砂防林を守る」役割を担っている。庄内海岸の砂草地では，在来種であるハマニンニクにより砂草地の保全対策を行っているものの，その保全自体はなかなか進まない状況にある[11]。そして，庄内海岸砂防林においては，土木工事などに利用するために砂利採取（砂丘採取）が行われた箇所も存在する。こうした行為により，植栽が行われない箇所の存在とともに，植栽が行われても維持管理が十分に行われないことでクロマツ林が成立しない箇所もある。

第５に，クロマツ林の過密化問題である。これは上述した1998年11月の大雪被害の甚大化の要因ともいえる。「一般にクロマツは1haあたり10,000本」という高密度で植えられるが，その後，定期的に間引き（本数調整伐）をすることで雪害や津波，病虫害にも耐性の強いマツが成長していく。ただし，「全国のクロマツの多くは，本数調整伐に伴うコストの問題あるいは，大胆に伐採を行うことによる不安から」適切な間引きによる維持管理ができていない地域も多い。加えて，立地環境の違いも考慮したクロマツ林を考えることも重要となる。

第6に，耕地防風林の荒廃と老齢化問題である。庄内砂丘はメロンや花卉などの栽培が盛んな日本でも有数の砂丘地農業地帯であり，これを支えていたのがクロマツ耕地防風林である。クロマツの耕地防風林の歴史は藩政時代から行われていたものの，その管理については，「個々の農家に委ねられ」ていたため，「林帯幅の根拠や植栽密度，本数調整，更新方法など」は不明確であり管理水準にもバラつきがあった。また松くい虫の問題や自然災害などにより，この耕地防風林自体の荒廃が問題となっている。加えて，耕地防風林の中には「樹齢70年，樹高20m」に達することで，『日射が遮られる』，『太い枯れ枝が畑へ落下する』，『枝でハウスが破損した』といった苦情が農業者から寄せられる」状況にある。「耕地防風林の管理者と農業者の協力・連携のもと，その許容範囲を探りながら，長期的な更新・管理計画の策定，管理責任の明確化，細やかな情報交換を図り，末永く防風林を維持していく体制を整備」することが急務となっている。

最後に，津波に対する防災・減災機能の発揮に関する問題である。東日本大震災の影響により注目されたのは，①津波の威力と速力を抑える機能（津波による破壊力を抑え，速力を抑えることで避難する時間を確保できる），②津波により流された漂流物を海岸砂防林が捕捉する機能（漂流物による被害から建造物を守る），③津波により流された人を海岸砂防林が捕捉する機能（濁流からの人命保護），④砂丘地形を形成する機能（津波を防ぐ地形）といった4つの防災・減災機能であった[12]。こうした防災・減災機能を維持・向上させるためにも，健全な海岸砂防林の状態を保つことが必要となる。このように，7つの諸課題に対して庄内海岸砂防林の松原を再生する計画が立てられている。

図表5-8　多様な主体の協働に基づく松原再生計画の推進体制

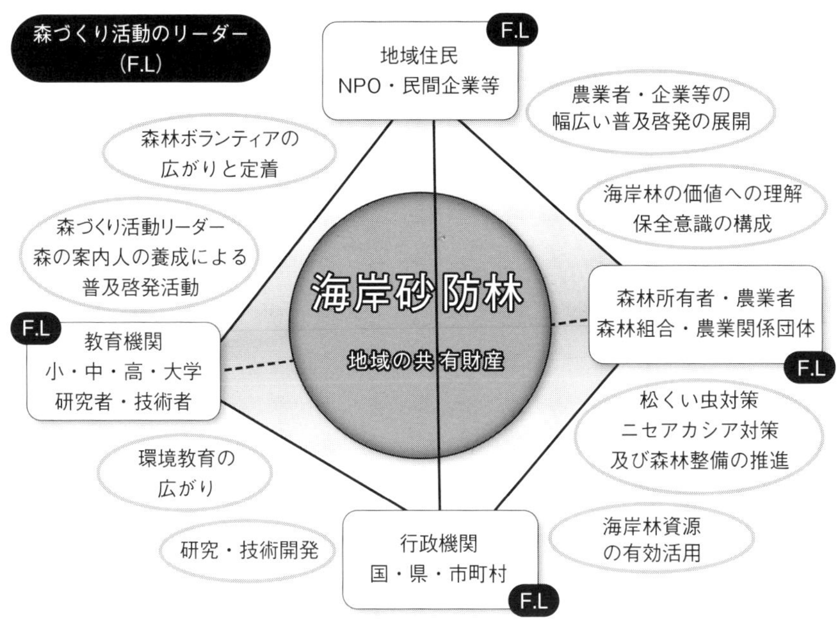

出所：出羽庄内公益の森づくりを考える会（2019），p.41参照

3-3　松原再生の基本方針と情報共有の考え方，立地環境に適した目標林型

庄内海岸砂防林の保全管理活動の実践は，先人たちにより長年行われてきた「知恵と労力を出し合い築き上げてきた」文化的な遺産を継承し続けることにつながる。そのため，出羽庄内公益の森づくりを考える会では，「地域の大いなる遺産である庄内海岸砂防林を未来につなぐ」をテーマとし，①多様な主体の協働による保全活動の推進，②砂防林に対する理解を深める活動の推進，③砂防林の利活用の推進を重点項目として取り組んでいる。

第１に，多様な主体の協働による砂防林の保全の推進であるが，国や県，市区町村等の所有区分により，統一的な砂防林や植林の維持管理ができていない体制にどのように対応するかといったことにつながる。そのために，多様な主体が連携した協働推進体制が提示されている（図表5-8参照）。これは，国・県・市

図表5-9　松原再生計画における課題抽出と課題解決を目指した情報共有とプロジェクト推進の体制

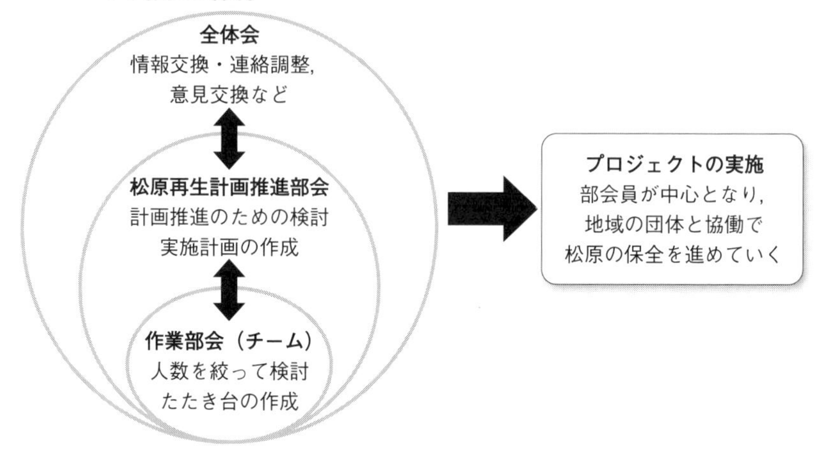

出所：出羽庄内公益の森づくりを考える会（2019），p.40参照。

町村といった行政機関，森林所有者・農業者，森林組合・農林関係団体，NPO法人や民間企業なども含む地域住民，そして小・中・高・大学や研究者・技術者を含む教育機関が相互に連携し，保全活動を推進していくことで公益の森づくりを行う体制となっている。

また，この多様な協働主体の連携をさらに強化し，庄内海岸砂防林に適した保全活動を推進するための情報共有のあり方やプロジェクト実施の成果を高めていくための考え方についても示されている（図表5-9参照）。

上記のように，作業部会，松原再生計画推進部会，全体会とそれぞれを階層づけるとともに，役割を明確化することにより，ただの会合として終わらせるのではなく，多様な協働主体により多角的な視点から検討できる実践的な場という相互作用を活かし，プロジェクトを遂行している。こうした知識の蓄積や作業部会等でのアイデアを編集していくことを松原の再生保全や公益の森づくりの推進に役立てている。

また，庄内海岸砂防林においては，立地環境に従い，目標とする林型に砂防林を区分するゾーニングを設定し対応している。ここでのゾーニングの内訳は，砂草地，クロマツ純林，クロマツ林，針広混交林，広葉樹林である（図表5-10～5-15参照）。

図表5-10　庄内海岸林における目標林型（1.砂草地）

1.砂草地　海岸林の成立条件として極めて重要なゾーン

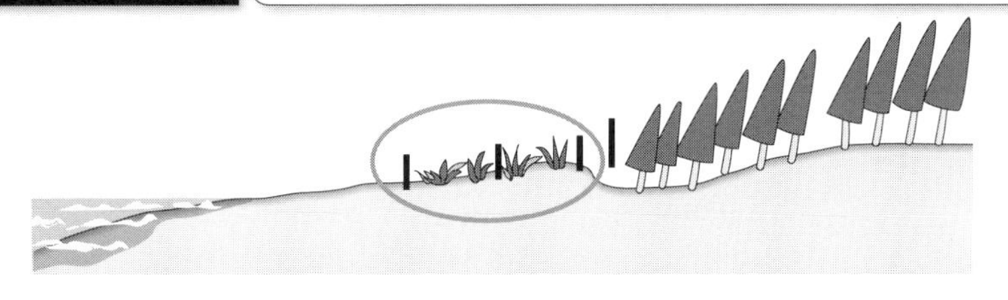

特徴	● ハマニンニク，チガヤ等による砂の固定
想定される場所	● 海岸最前線部 ● 海岸保全区域の一部
想定される施業	● ハマニンニク補植，施肥 ● 外来植物からの植生保全 ● 堆砂垣補修等

出所：出羽庄内公益の森づくりを考える会（2019），p.26 参照。

図表5-11　庄内海岸林における目標林型（2.クロマツ純林）

2.クロマツ純林　海岸地域の生活基盤として最も重要なゾーン

特徴	● クロマツによる防災機能を最も優先 ● 健全なクロマツ林として保つための徹底した集約管理 （定期的な刈払い，松葉さらい，腐植の剥ぎ取り）
想定される場所	● 国有林前線林帯～防火帯・作業道 ● 西浜キャンプ場，光ヶ丘公園 ● 庄内空港緩衝緑地防風林帯
想定される施業	● 松くい虫防除 ● 防風工 ● 植栽（改植，補植） ● 下刈り，除草，つる切り，枝打ち，堆積物の除去 ● 除伐，本数調整伐

出所：出羽庄内公益の森づくりを考える会（2019），p.26 参照。

図表5-12　庄内海岸林における目標林型（3.クロマツ林）

3.クロマツ林　安定的に森林機能を維持するゾーン

特徴	● 防災機能としての主役である上層クロマツを最も優先するが，極端に徹底した管理は行わない ● クロマツ林下に生育する潜在樹種（タブ，ナラ，サクラ等）と混交 ● 極端に疎林化（クロマツの占有率が50%以下）したときは，高木のクロマツと広葉樹を残して改植or補植 ● 合自然的で，生物多様性と自然再生力に富む（松枯れ，ナラ枯れの危険性を分散）
想定される場所	● 国有林防火帯以東～国道（250m程度） ● 耕地防風林帯 ● 川北砂丘頂部林帯（250m程度） ● 万里の松原（新林，松陵），八鬼森山，飯森山等 ● 保安林，風衝地
想定される施業	● 松くい虫防除 ● ニセアカシア除去 ● 植栽（クロマツ改植・補植） ● 防風工 ● 下刈り，除伐，つる切り，枝打ち ● ヤダケ，ササなどの刈払い

出所：出羽庄内公益の森づくりを考える会（2019），p.27参照。

図表5-13　庄内海岸林における目標林型（4.針広混交林）

4.針広混交林　　自然植生を取り戻しつつある移行林ゾーン

特徴	●クロマツが衰退しても，潜在樹種（高木性広葉樹）が自然状態で安定して成立 ●気象，土壌条件は比較的緩やか ●生物多様性に富む
想定される場所	●内陸部で季節風に対するクロマツの林帯が確保されている場所 ●極端に風当たりが強くない場所 → 広葉樹林へ自然に移行
想定される施業	●松くい虫防除 ●ニセアカシア除去 ●ヤダケ，ササなどの下刈り ●除伐，広葉樹刈出し

出所：出羽庄内公益の森づくりを考える会（2019），p.27参照。

図表5-14　庄内海岸林における目標林型（5.広葉樹林）

5.広葉樹林

潜在樹種自然林　　生物多様性に富む安定した自然林ゾーン

特徴	●クロマツが消滅し，すでに自然林化している ●生物多様性に富み，潜在植生の調査フィールドとなる林を含む
想定される場所	ex.　藤崎地区西遊佐小学習林北側ナラ・カシワ林 遊佐工業団地東外周保安林の北角 飯盛山西保安林の一部水道タンク付近等
想定される施業	●基本的に無施業

出所：出羽庄内公益の森づくりを考える会（2019），p.28参照。

図表5-15　庄内海岸林における目標林型（一般的なゾーン配置）

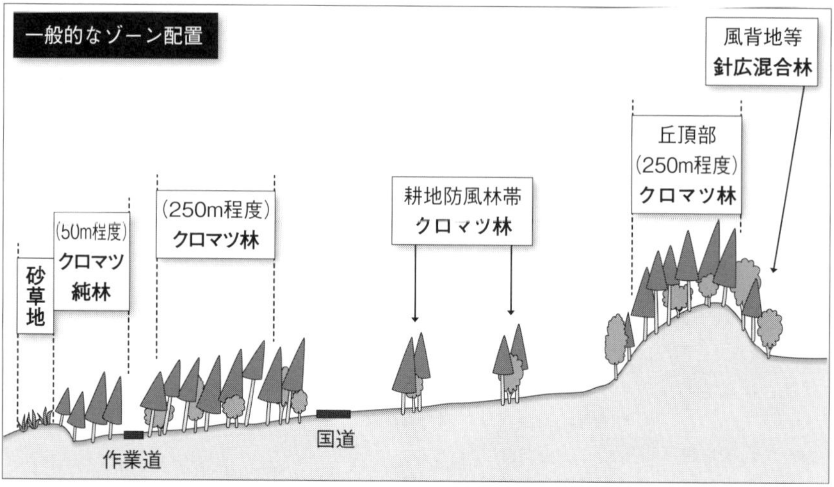

一般的なゾーン配置
風背地等
針広混合林
丘頂部
(250m程度)
クロマツ林
耕地防風林帯
クロマツ林
(250m程度)
クロマツ林
(50m程度)
クロマツ
純林
砂
草
地
作業道
国道

出所：出羽庄内公益の森づくりを考える会（2019），p.28参照。

また，庄内海岸砂防林の立地環境を考慮したそれぞれの目標林型区分は，図表5-16～5-19のようになる。

第2に，庄内海岸砂防林に対する理解を深める活動の推進である。かつて庄内海岸砂防林の維持管理は，地域の生活者が燃料としての松葉かきなどにより生活者に密着した形で当たり前に行われてきた。しかし，燃料革命以降，松葉かきを必要としなくなる中で生活者との距離感は広がっている。こうした「日常生活の中で砂防林から直接生活に必要な資源を得る必要がなくなったこと」や，「砂防林があることが当たり前になったことで，砂防林の重要性の認識が薄れていること」が管理の行き届かなくなってきた要因として挙げられる。そのため，庄内海岸砂防林の果たしてきた役割や重要性についてパンフレットやDVDなどを通して告知するとともに，民間団体や企業，組織，地域住民に対しても保全活動への働きかけを継続的に行うことで様々な形での庄内海岸砂防林の維持管理に協力を要請している。

第3に，庄内海岸砂防林の利活用の推進である。砂防林自体が飛砂防止，防風などといった防災や減災の機能だけでなく，森林散策やレクリエーションの

図表5-16　庄内海岸林における目標林型（庄内海外砂防林・目標林型区分図）

砂草地
クロマツ純林
クロマツ林
針広混交林
広葉樹林

出所：出羽庄内公益の森づくりを考える会（2019），p.29参照。

図表5-17　庄内海岸林における目標林型（庄内海外砂防林・目標林型区分図：酒田北部）

出所：出羽庄内公益の森づくりを考える会（2019），p.30参照。

図表5-18　庄内海岸林における目標林型（庄内海外砂防林・目標林型区分図：酒田南部）

出所：出羽庄内公益の森づくりを考える会（2019），p.31参照。

図表5-19　庄内海岸林における目標林型（庄内海外砂防林・目標林型区分図：湯野浜）

出所：出羽庄内公益の森づくりを考える会（2019），p.32参照。

場，さらにはトライアスロン大会など松原を利用したイベントを開催することで地域生活者だけでなく，多くの人が庄内海岸砂防林の利活用できるよう取り組んでいる。

3-4　庄内海岸砂防林における保全活動の取り組み状況

では，実際にどのように保全活動を行ってきているのか，ここでは，県を主としたやまがた絆の森活動や，この活動に参画する企業の保全活動の取り組み状況，そして多様な主体が協働する地域教育の実践について整理しておこう。

(1) 県を主体とした保全活動における取組：やまがた絆の森活動

そもそも山形県の森林面積は67万ha，県土面積の72%を占めており，山形県独自の「森林文化」が醸成されている。その象徴として，県内には森林や自然への感謝と畏敬の気持ちをはぐくみ伝える「草木塔」と呼ばれる石碑が多く存在する[13)]。

しかし，保全活動が行き届かなかった不遇の時代もあり，荒廃が心配されているため，「豊かな森」という山形県の財産を継承し続けるためにやまがた緑環境税を導入し，県民が支える体制を構築している。この「やまがた緑環境憲章―県民みんなで支える新たな森づくり―」では，以下の約束をしている。

1．暮らしや環境を守るため，豊かな森づくりを進めます。
2．森や木の文化を見つめ直し，暮らしの中に木を活かします。
3．一人ひとりの力を活かし，森づくりの輪を広げます。
4．森や自然の大切さを学び，森との絆を深めます。
5．みんなで森づくりを支え，かけがえのない森を未来に贈ります。

また，山形県の保全活動の特徴は，森づくりで地域を元気にしようと考える「やまがた絆の森づくり」にも示される。これは，豊かな森林の保全・活用を通して企業と地域での生活者が絆を深め，地域活性化に結びつく取り組みであり，企業等の継続的な森づくり活動による環境貢献と山村地域の活性化をねらいとしている。

この山形絆の森づくりの仕組みは，山形県と森林所有者，企業や組織などの

３者協定によって推進される。そして，企業の森の活動を地域全体で受け入れ，地域の活性化に結びつけるために，各企業の森ごとに関する団体，業者，機関等で組織されている。

協定内容は，場所や実施期間，活動内容を含んでいる。これらに基づく森づくりは，植栽や枝打ち，下刈り，除伐，間伐，歩道整備などを行う「森林の整備」と，自然観察，きのこ栽培，木工クラフト，芋煮会などを行う「森林の利用」から構成される。例えば，企業がこの協定に基づく森づくり活動を実施する場合，山形県の支援は，やまがた公益の森づくり支援センターと連携した形で，協定締結までの調整やサポート（市町村，地権者，森林組合との調整など），活動フィールドやプランの提案，補助金などの利活用アドバイス，活動成果の見える化（CO^2吸収量認証），森づくり技術ボランティア（指導者など）の派遣，協定締結後の技術的支援が行われる[14)]。

公益の森づくり支援センターは，地域ごとの特色ある取り組みを実施するため，４つの協議会（村上公益の森づくり協議会，最上公益の森づくり協議会，置賜公益の森づくり協議会，庄内公益の森づくり協議会）を設置している。その業務は，県民参加の森づくり活動を支援する公益の森推進業務と地域の林業活動の活性化を図る流域林業活性化業務によって区分される。特に公益の森推進業務には，①森づくり情報の収集提供，②森林ボランティア活動の支援，③森づくり活動や森林環境学習のサポートといった大きく３つの業務が柱となる。森づくり情報の収集提供としては，森づくり活動等についてのフィールド及び指導者情報や各地で開催される森づくり活動等のイベント情報，企業等が実施する森づくり活動等への支援情報，森づくりに必要な機材情報（下刈機やヘルメット等の貸出），ホームページ等による各種情報提供を行う。森林ボランティア活動の支援としては，ボランティア団体のネットワーク化推進，森づくり等の相談窓口の設置，アンケートの実施や各地での研修会等の実施を行う。そして森づくり活動や森林環境学習のサポートでは，人材バンクの設置（地域で受け継がれる森や木の文化を継承する人材の発掘），森づくり活動や森林環境学習への指導者の派遣を行う。

企業等による森づくり活動は，企業の要望に応じて様々な形で対応できるようにしている。具体的な活動方法のタイプとしては，①企業の森タイプ（市町村や森林所有者等との協定締結による「企業の森の設置」），②資金提供タイプ

（市町村や団体等に対する寄付や女性による「資金の提供」），③行事参加タイプ（森づくりのイベントや活動への「社員や顧客等の参加」），④自社有地タイプ（「社有林や工場敷地内」における森林整備活動），⑤普及啓発タイプ（森林教室や自然観察会などの森林環境学習による「啓発活動」）などがあり，これらを組み合わせた取り組みなども実施している[15]。

企業の社会的責任といわれるCSR（Corporate Social Responsibility）活動や経済的価値と社会的価値を同時に実現するCSV（Creating Shared Value）に基づく事業活動を行うことが当然のことと理解されるようになってきた近年において，企業や組織の要望に沿う形で絆の森活動に参画しやすいことは有効となる。現在，34の企業や組織がこの活動に参画している[16]。

ただし，この保全活動を実践していく上での問題もある。特に大きな問題は，指導者の育成・後継者問題である。県を含む行政機関や県や市区町村と連携するNPO法人を含めても，現在，指導員として企業の絆の森活動を調整する役割を担うことのできる人員は少数に限られている。少数精鋭ともいえるが，持続的にこのやまがた絆の森づくりを実践していくためには，より多くの人員確保が望ましい。先人たちから継承されてきたものをどのように育てていくかは課題である。

(2) 企業による保全活動の取り組み状況

では，実際に企業が保全活動にどのように取り組んでいるのか。ここではやまがた絆の森活動に参加している有力自動車メーカーの販売会社，地域金融機関，大手たばこ製造業者における保全活動について整理していこう。

a) 有力自動車メーカーの販売会社A社における保全活動状況

有力自動車メーカーの販売会社であるA社は，2008年から社員のサークル活動の一環として開始した。この保全活動は，山形県の森林育成プロジェクトとしてNPO法人等の協力を得ながら，年に4～5回程度を開催している。1回の参加人数は30～40人程度である。具体的な活動としては，下草刈りや除伐した枝払い，枝打ち，間伐の作業を行っている。また，これまでの活動については，ホームページを通して紹介している。

ヒアリングをしたところ，A社の特徴は，企業や組織においては，森林育成活動の中心として「植林」活動に重きを置く企業が多い中で，Ａ社の保全活動は，「山を育てる」ための下草刈り作業などを積極的に行うことを大切にしている点にある。

近年では，こうした地道な活動が自然を守る，森林育成の分野における優れたCSR活動として親会社である自動車メーカーにも評価されている。そのため，他県から関連会社がこの活動に参加することもある。この保全活動を通して，Ａ社内の同配属先の従業員同士のコミュニケーションや異なる配属先同士の従業員のコミュニケーションを促進させることに役立っている。これは，上司部下といったタテの関係だけでなく，同期といった横の関係にも効果をもたらしている。また，下草刈りなどの作業自体が，目に見えて成果がわかることから，保全活動を行う参加者自身の気持ちをリフレッシュさせやすく，参加者のリピート率も高い。

b)　地域金融機関Ｂ社における保全活動状況

地域の有力な金融機関の１つであるＢ社は，様々な地域の生活者や企業，組織などの活動に取り組んでいる。そもそも地域を支えるインフラとして貢献することがＢ社の事業活動に直結するため，地域の教育・文化振興，スポーツ振興，地域活性化に向けた取り組み，安全・安心な地域社会に向けた取り組みなど，地域に貢献する活動を積極的に行っている。

この中でも，環境保全活動への取り組みの１つとして，2010年からやまがた絆の森活動に参画している。年に１回程度行う保全活動では，80～100名程度参加し，枝打ちやつる切り作業を行うとともに，バイオマスボイラー見学や木工クラフト，きのこ収穫，料理体験なども行っている。

こうした保全活動は，配属先ごとに分かれた新入行員が集まれるコミュニケーションの場として活用されたり，行員の家族も参加することで家族内や家族間のコミュニケーションの促進や，森林の保全活動に関する教育の場，また地域との相互交流を図る場にもなっている。また，保全活動への取り組みは，行員が林業関連の事業者に対する営業活動にも役立っている。ただし，金融機関であるが故に，保全活動自体がＢ社の様々な地域に対する貢献活動の１つに留まっている。

c)　大手たばこ製造業Ｃ社における保全活動状況

大手たばこ製造業Ｃ社は，格差是正，災害分野，環境保全という３つの領域を社会貢献活動の柱としているが，その中の環境保全として，全国９か所を中心に元気な森を育てる活動を行っている。その中の１つが庄内海岸砂防林の保全活動である。2009年４月からこの活動に参画し，海岸砂防林の機能向上と環境保全林づくりを目的として，伐採，植栽，下草刈り，枝打ち，防風柵設置などを行い，その後，周辺の観光も行う。年２回程度行っているこの保全活動は，仙台にある東北支社を中心として参加者を募るため，100～170名程度と参加者が多いものの移動時間を難点とする参加者の声もある。また本社の環境保全活動の一環としての保全活動であるため，場合によっては庄内砂防林の活動を満了することも考えられ，すでに15年間続き第３期目となっているこの保全活動自体が継続困難な状況に陥る可能性もある。

(3)　多様な主体が協働する地域教育の実践

生活者や教育機関についての保全活動についても整理しておこう。出羽庄内公益の森づくりの考え方にもあるように，多様な主体に基づく協働を前提とした保全活動が行われているため，それぞれの主体者が自律的に連携しつつ活動が継続されていることは，教育活動の場でも実践されている。

呉（2005）は，こうした協働関係が形成されている教育の場について，出羽庄内公益の森づくりを考える会にも参加している遊佐町立西遊佐小学校の学習林『元気林林』を事例として，その活動状況を整理している。具体的には，「一校の学習林整備の活動に，当日PTAはもとより，遊佐町の一般ボランティア，同町・砂丘地砂防林環境整備推進協議会や隣市から庄内海岸のクロマツ林をたたえる会のメンバー，県森林整備課，遊佐町農林水産振興課，遊佐森林組合，東北公益文科大学の教員・学生が参加したことに加え，庄内総合支庁長，遊佐町長も参加」しての保全活動を行っている。こうした「幅広い多様な主体が相互に支援し合い，現場で問題意識を共有して信頼関係を醸成していることが，話し合いのテーブルである『考える会』の内容を単なる意見のみの会議で終わらせることなく，より実質的」であり，持続的な活動体制の構築に役立っている[17]。地域の小学校，中学校，高校，大学などの教育機関による地道な活動の積み重ねが，人材不足が指摘される公益の森を支える今後の人材育成につながってい

図表5-20　遊佐町立西遊佐小学校・学習林「元気林林」における多様な主体者による教育体制

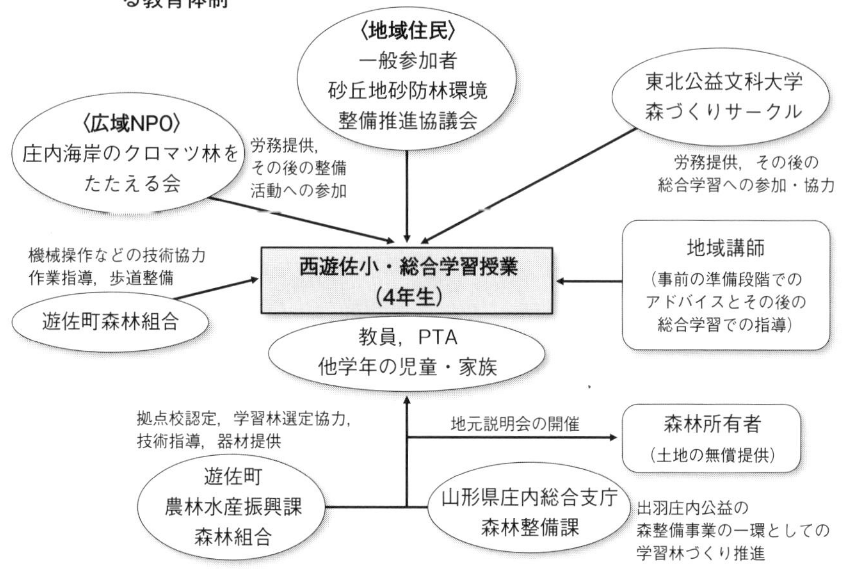

出所：呉（2004），p.117参照。

る。

ただし，砂丘地を農地として利用する農業従事者による保全活動が積極的に行われていない点は問題視されている。本来であれば，砂丘地を利用する農業従事者は，保全活動に対しても主導的な立場で自律的に活動することが望まれるが，様々な主体者が活動することで恩恵を受け，フリーライダーに近い状態となっているのが実情である。

(4)　庄内海岸砂防林の保全活動に関する課題

梅津（2018）は，これまで自身がかかわってきた庄内海岸林の保全活動に対する課題として，ボランティア団体の抱える課題と新たな主体の参画に関する課題という大きく2つの課題を提示している。まず，ボランティア団体の抱える課題として，「財弱な財政基盤と事務局体制，高齢化，後継者育成による世代交代」や「『開発と保全』のせめぎあいでの合意形成のありかた，分断対立の図式」が課題として提示される。また新たな主体の参画に関する課題としては，「公益的活動や社会貢献活動の機運の高まり」，「作業内容の複雑さ，森林生態系や森林施業に対する知識と技術，機材と装備が必要」，「森づくりを通した，人づくり，地域づくり」を提示している[18)]。

ボランティア団体の抱える課題は，庄内海岸砂防林ややまがた絆の森を支える保全活動の持続的な実践を考える上でも大きな問題である。特に脆弱な財政基盤により，庄内海岸砂防林の保全活動ややまがた絆の森を支える山形県と連携したやまがた公益の森づくり支援センターやこの活動の調整役となる山形県森林組合，さらには山形県庄内総合支庁の担当者は，ごく少数に限られる。いわば労働集約型の事務局体制による運営といえる。庄内海岸砂防林や広大な山形県内に点在するやまがた絆の森プロジェクトにおける保全活動を持続的かつ円滑に推進するためには，公益の森づくりを担う後継者育成が喫緊の課題といえる。

［注記］

1）梅津勘一氏は，先人たちの歴史的遺産について学術的に整理するだけではなく，自身も保全活動の主導的立場として実践的な活動も積極的に行い，今後の指導者育成に力を注いでいる。

2）梅津（2003）p.1参照。

3）梅津前掲論文，p.2参照。

4）梅津前掲論文，p.2参照。

5）本節は梅津前掲論文に依拠する。

6）その後，佐藤藤蔵の偉業をたたえ，遊佐町西遊佐地区では毎年11月10日に佐藤藤蔵祭が行われている。

7）ただし，この植林活動は各村の紛争のきっかけともなっている。それは「遊佐郷の土地や荒瀬郷の人々が植林することにより，当時重要な資源であったカヤなどの採草や，植林したマツの枯枝採取等の利権」をめぐる問題であり，「遊佐郷宮海などの浜方集落と，荒瀬郷砂下村の植え付け集落」では衝突の火種となっている。梅津（2003）pp.4-5参照）

8）砂山（2015）pp.40-41参照。

9）出羽庄内公益の森づくりを考える会（2019）p.11参照。

10）以下，出羽庄内公益の森づくりを考える会（2019）pp.10-21に依拠する。

11）かつては旺盛な繁殖力のオオハマガヤを用いて砂草地の保全を行っていた時期もあったが，オオハマガヤは，その繁殖力により海岸息の生態系を改変し，海岸砂丘などに生育する在来の植物や動物の生育環境に影響を及ぼす恐れがあるため，現在ではオオハマガヤを用いていない（出羽庄内公益の森づくりを考える会（2019）p.16参照）。

12）出羽庄内公益の森づくりを考える会（2019）p.17参照。

13）山形県における「やまがた絆の森（企業等による森づくり）活動」資料参照。URL：https://www.pref.yamagata.jp/ou/kankyoenergy/050011/midorikannkyou/kenminsankanomoridukuri/yamagatakizunanomori/yamagata-kizunanomori-kyoutei/kigyonomoridukuriPR.pdf（2020.03.15閲覧）

14）やまがた公益の森づくり支援センターHP「やまがた絆の森」参照。URL: https://www.koueki-y.com/kizuna/（2020.03.15閲覧）

15）前掲HP参照。

16）前掲HP参照。

17）呉（2004）pp.116-118参照。

18）梅津（2018）p.76参照。

［引用・参考文献］

梅津勘一（2002）「庄内・砂防林・出会い―大いなる遺産を未来に―」『現代と公益（第３号）』pp.8-14。

梅津勘一（2003）「庄内砂丘の海岸林―大いなる遺産を未来につなぐ―」『東北公益文科大学総合研究論集』pp.195-219。

梅津勘一（2007）「多様な主体の協働による庄内砂丘の海岸林保全活動の仕組みづくり」『日本ボランティア学会2006年度学会誌』pp.50-57。

梅津勘一（2012）「多様な主体の協働による海岸林保全」『水利科学（第56巻第３号）』pp.71-82。

梅津勘一（2013）「庄内砂丘の海岸林の将来を考える」『GREEN AGE（2013/4）』pp.13-17。

梅津勘一（2014a）「砂丘に緑を―砂に埋もれた地上の星―」『黄雞（VOL.66－No.5）』。

梅津勘一（2014b）「庄内砂丘の海岸林の価値を考える『第９回クロマツシンポジウム』報告」『GREEN AGE（2014/1）』p.42。

梅津勘一（2016）「海岸林講座第１回：日本の海岸林の成り立ちと推移―庄内海岸林を中心に―」『樹木医学研究（第20巻２号）』pp.104-111。

梅津勘一（2018）：「庄内海岸林の協働管理体制の構築について―多様な主体の協働による海岸林保全活動の20年―」『平成30年度日本海岸林学会石垣大会研究発表会要旨集（2018年11月）』pp.76-79。

呉尚浩（2004）「多様な主体の協働による環境公益活動について―庄内海岸林保全と飛島漂着ゴミクリーンアップの２事例から―」『公益学研究（第４巻第１号）』pp.114-126。

敷田麻実（2004）「オープンソースによる地域沿岸域管理の試み」『日本沿岸域学会研究討論会2004講演概要集』pp.92-95。

砂山弘（2015）「先人に学び，公益の森づくり」『GREEN AGE（2015/5）』pp.40-41。

出羽庄内公益の森づくりを考える会（2019）「庄内海岸松原再生計画」山形県庄内総合支庁森林整備課，p.46。

中島勇喜・岡田穣編著（2011）「海岸林との共生」山形大学出版会，p.218。

村井宏ら編（1992）「日本の海岸林―多面的な環境機能とその活用―」ソフトサイエンス社，p.513。

第6章 各地域での海岸林保全活動の現状についての考察・評価

本章では，３章「佐賀県唐津市虹の松原の事例」，４章「鳥取県弓ヶ浜海岸林の事例」，５章「山形県庄内海岸砂防林の事例」の３つの事例の内容をもとに，それぞれの事例別に，海岸林の保全管理を実施するにあたってのステークホルダーの役割の違いについて考察する。なお，本章では，海岸林の保全管理を実施するにあたってのステークホルダーを，①企業，②地域住民，③行政，④NPOの４つとする。

次に，虹の松原，弓ヶ浜海岸林で採用しているアダプト制度についての評価を行い，３つの事例から提示された海岸林保全活動における課題について整理していく。そして，今後の海岸林保全活動のあり方として，地域住民や地域で事業活動を行う企業を中心としつつも，より広域で住民や企業に参画してもらうことの必要性やその追い風があることについて指摘する。

1 各地域での海岸林保全活動の現状についての考察

ここでは，まず，３地域の事例ごとに各ステークホルダーが海岸林保全活動について，どのような役割を担ってきたのかについて，再整理をした（図表6-1）。

図表6-1のように，佐賀県唐津市の虹の松原の保全活動では，NPO法人が中心となりアダプト制度をとりまとめ，企業の参加を募っている。なお佐賀県唐津市の虹の松原では，行政機関（佐賀県と唐津市）が支援をする協議会（虹の松原保護対策協議会）の事務局をNPO法人が担っている。

鳥取県の弓ヶ浜海岸林では，行政機関（鳥取県）が，町の独自の活動を参考

図表6-1　3地域で実施している海岸林保全活動における各ステークホルダーの役割

事例	企業	地域住民	行政機関	NPO法人
佐賀県唐津市虹の松原	●アダプト制度に参加	●自由形式で参加	●アダプト制度を支援	●アダプト制度の中心的役割 ●虹の松原保護対策協議会から業務委託 ●唐津市・佐賀県が支援
鳥取県弓ヶ浜海岸林	●アダプト制度に参加	ー	●町の独自の活動を参考にアダプト制度導入	●アダプト制度に参加
山形県庄内海岸砂防林	●やまがた絆の森活動に参加	●自由形式で参加 ●学生は学校の総合学習科目等として参加する場合もある	●やまがた絆の森活動の運営（保全活動の運営はNPO法人に大きく依存） ●出羽庄内公益の森づくりを考える会での情報交換	●やまがた絆の森活動と連携 ●庄内総合支庁や森林組合と森林所有者，企業との調整役 ●出羽庄内公益の森づくりを考える会での情報交換

にして，アダプト制度導入に至っている。よって，アダプト制度の実施主体は，行政機関（鳥取県）である。なお，アダプト制度での参加主体は，企業とNPO法人及び地域の自治体であった。

山形県庄内海岸砂防林では，上記2地域のようなアダプト制度を採用していない。その特徴は，出羽庄内公益の森づくりを考える会で提示されたゾーニングに基づき保全活動を行っていることである。また，行政機関，教育機関，森林ボランティア団体，森林組合等の多様な主体者が庄内海岸砂防林の保全活動に関する情報共有や意見交換をする場が設定されている。さらに，住民参加の森づくり運動を進めたり，やまがた絆の森活動と称して，行政機関や森林組合，NPO法人，教育機関などが連携し，山形県の地域活性化を前提としつつ企業も巻き込み保全活動を実施している。そして，やまがた絆の森活動については，NPOであるやまがた公益の森づくり支援センターやこの活動の調整役となる山形県森林組合，さらには山形県庄内総合支庁が運営面における主導的な役割を担っている。

図表6-2　登録団体数の推移

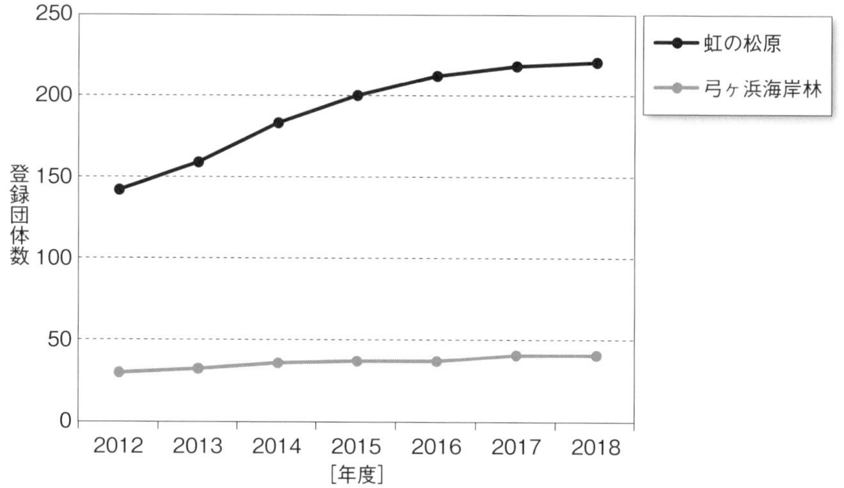

出所：弓ヶ浜・白砂青松そだて隊活動報告会資料（平成31年2月25日実施）。
HPはhttps://www.pref.tottori.lg.jp/secure/1116320/310225siryou01.pdf
NPO法人唐津環境防災推進機構KANNE事業報告書（各年度版）。
HPはhttps://npokanne.com/kanneについて/

2 アダプト制度を用いた海岸林保全活動の評価

a）評価の目的

ここでは，アダプト制度を用いた佐賀県唐津市の虹の松原と鳥取県弓ヶ浜で実施している海岸林保全活動の活動方法の違いに着目して，それぞれの方法別に，海岸林保全活動がどの程度進んでいるのかについて，評価していく。この評価から，アダプト制度を用いた海岸林保全活動を推進していくための方法について示唆できると考える。

b）評価の方法

海岸林保全活動の評価では，2012年度から2018年度のアダプト制度の登録団体数，及び構成員数の推移のデータを用い，参加団体数と構成員数及び，それ

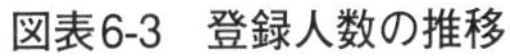
図表6-3　登録人数の推移

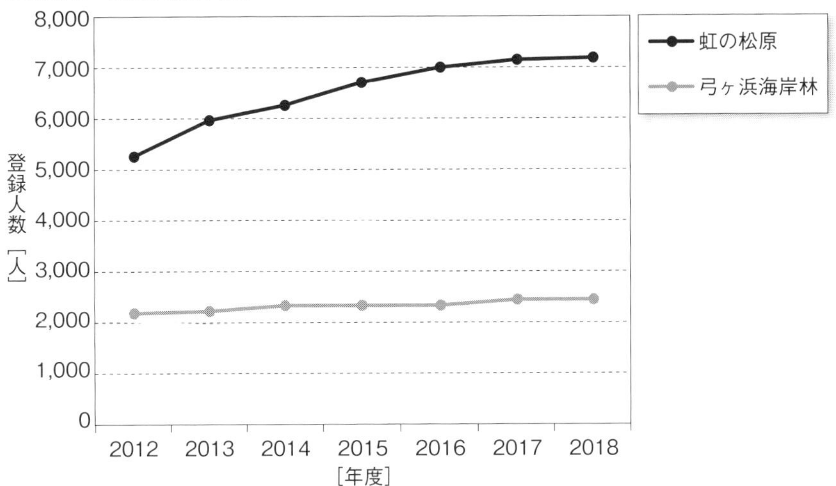

出所：弓ヶ浜・白砂青松そだて隊活動報告会資料（平成31年2月25日実施）。
HPはhttps://www.pref.tottori.lg.jp/secure/1116320/310225siryou01.pdf
NPO法人唐津環境防災推進機構KANNE事業報告書（各年度版）。
HPはhttps://npokanne.com/kanneについて/

ぞれの増減率から，地域ごとの特徴を示す。

c）登録団体数の推移

登録団体数の推移を比較した結果，虹の松原の登録団体数は，2012年度から2018年度まで増加傾向が続いている。弓ヶ浜海岸林の登録団体数は，虹の松原の登録団体数の増加数と比較すると，大きな変化は見られない。しかしながら，2016年度と2018年度を除けば，わずかではあるが，増加している（図表6-2）。

d）登録人数の推移

登録人数の推移を比較した結果，虹の松原の登録人数は，登録団体数と同様に，2012年度から2018年度まで増加傾向が続いている。弓ヶ浜海岸林の登録人数は，虹の松原の登録人数の増加数と比較すると，大きな変化は見られない。

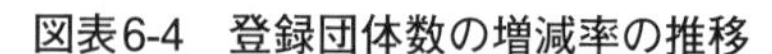

図表6-4　登録団体数の増減率の推移

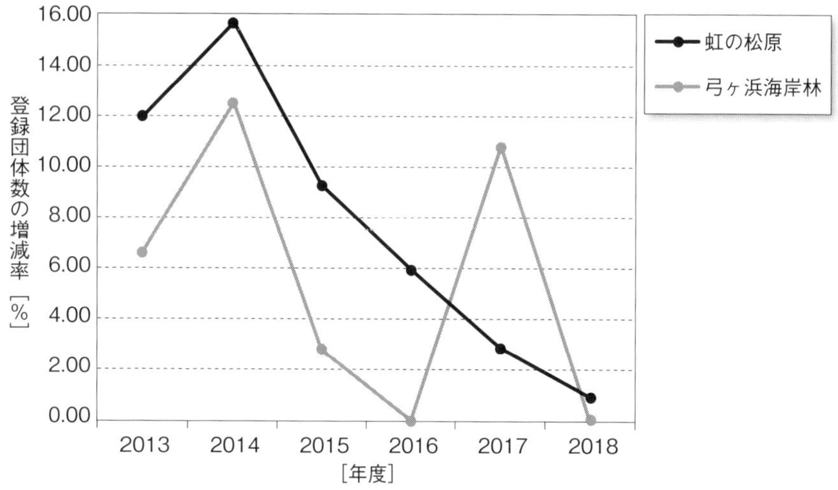

出所：弓ヶ浜・白砂青松そだて隊活動報告会資料（平成31年2月25日実施）。
HPはhttps://www.pref.tottori.lg.jp/secure/1116320/310225siryou01.pdf
NPO法人唐津環境防災推進機構KANNE事業報告書（各年度版）。
HPはhttps://npokanne.com/kanneについて/

しかしながら，2016年度と2018年度を除けば，わずかではあるが，増加している（図表6-3）。

e）登録団体数の増減率の推移

ここでは，登録団体数の増減率を比較した。このとき，登録団体数の増減率は，当該年度の登録団体数から前年度の登録団体数を除して，その値から1.0を引くことによって求める。なお，登録団体数の増減率は，パーセント表示で示している。登録団体数の増減率の算出に用いたデータは，登録団体数の推移のデータである。

その結果，虹の松原の登録団体数の増減率は，2014年度は増加した。しかし，それ以降は，減少傾向が続いている。弓ヶ浜海岸林の登録団体数の増減率は，2014年度は増加し，それ以降2016年度までは，減少傾向が続いていた。しかし，2017年度は増加に転じたものの，2018年度は増減率が０％であった（図表6-4）。

図表6-5　登録人数の増減率の推移

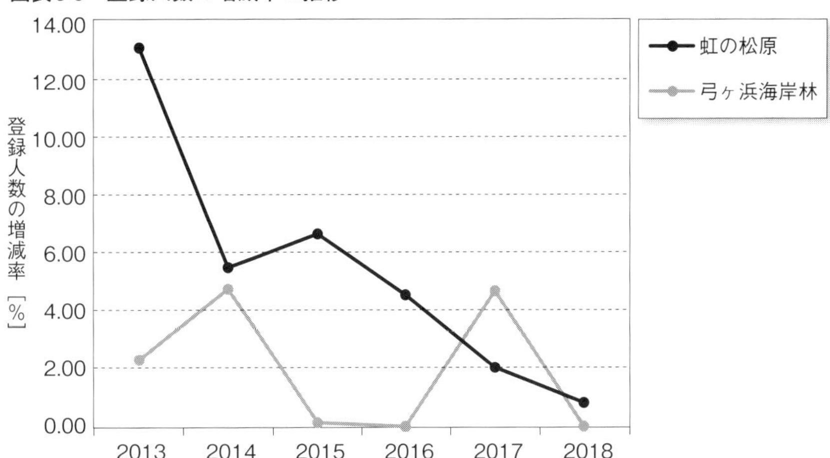

出所：弓ヶ浜・白砂青松そだて隊活動報告会資料（平成31年2月25日実施）。
　　　HPはhttps://www.pref.tottori.lg.jp/secure/1116320/310225siryou01.pdf
　　　NPO法人唐津環境防災推進機構KANNE事業報告書（各年度版）。
　　　HPはhttps://npokanne.com/kanneについて/

f）登録人数の増減率の推移

ここでは，登録人数の増減率を比較した。なお，登録人数の増減率の算出に用いたデータは，登録人数の推移のデータである。

その結果，虹の松原の登録団体数の増減率は，2015年度を除き，減少傾向が続いている。弓ヶ浜海岸林の登録人数の増減率は，2014年度は増加し，それ以降2016年度までは，減少傾向が続いていた。しかし，2017年度は増加に転じたものの，2018年度は増減率が０％であった（図表6-5）。

3 各地域での海岸林保全活動における課題と追い風

3-1　各地域での海岸林保全活動における課題

アダプト制度を用いた保全管理活動における登録団体数や登録人数の推移をみると，増加傾向にはあるが，登録団体数と登録人数の増減率の推移をみると，近年においては減少傾向を示すなど伸びやなんでいることがわかる。両地域とも，実質的な活動を担う地域の企業や地域住民，NPO法人などは固定化されており，新規で活動を担う地域住民や地域の企業，NPO法人はそう多くはいないことが伺える。

その背景には，地域の経済力の低迷や人口流出，さらにはその他の諸環境の変化の中で，活動自体が停滞気味にあることも大きな要因と考えられる。例えば，地域の経済力の低迷により事業活動自体の存続すら困難になる企業もある。特定地域を基盤とする小売企業などの流通企業においては，全国展開する小売企業やネット通販を主とする小売企業の成長の中で競争が激化し，地域に対する貢献は，「事業活動自体がそもそも地域の生活者を支えている」，「生活上不可欠な食品や日用雑貨を提供することで地域の生活を支えているという『本業＝社会貢献活動』の考え方」を示し，そもそも「本業以外に手が回らない」として海岸林の保全活動を行っていない企業も存在する[1)]。

また，アダプト制度に基づき保全活動に参加する企業や組織は，あくまで割り当てられた区画を対象に管理活動を行っている。そこには，保全活動に対する企業や組織の保全活動を行う度合い（参加時期や参加者数，活動回数）のバラつきが生じやすい。例えば海岸林の景観を観光資源と捉える場合，海岸林全体としての保全活動が行き届いていない，管理不十分と感じられる場も多く散見されることがある[2)]。

こうした保全管理に対する課題は，３つの地域でそれぞれ提示された海岸林保全活動の運営主体者となりうるNPO法人自体が厳しい財政状況とごく限られた人的資源の上に成り立っている現状を浮き彫りにするものと考えられる。３つの事例にみられる行政機関，企業，組織，地域住民らの調整者であり，運営主体となるNPO法人は，「脆弱な財政基盤」である。また，虹の松原の主体的な調整役となるKANNEにせよ，庄内海岸砂防林の主体的な調整役となるやまがた公益の森づくり支援センターや山形県庄内総合支庁にせよ，特定人物の活躍によって支えられている部分が大きい。それは今後の持続可能な海岸林の保全活動の継承という点において大きな問題である。いわば，限定された地域における保全活動ではその協力体制の限界が見えつつあるともいえる。そのため，保全活動の主導的立場であり，調整役としてのNPO法人の脆弱性をどのように支援し，その基盤を強化するかが当面の課題となる。

3-2 地域の海岸林保全活動における追い風と地域の歴史的資産の発見可能性

地域の保全活動に対しては追い風もある。まず，生活者の消費マインドにおける追い風として，エシカル消費の拡大傾向が挙げられる。エシカル消費とは，「倫理的消費」とも呼ばれるものであり，消費者においては「消費という日常活動を通じて社会的な課題の解決に貢献」，「商品・サービス選択に第四の尺度の提供（安全・安心，品質，価格＋倫理的消費）」，「消費者市民社会の形成に寄与（消費者教育の実践）」といった観点から障がい者支援につながる商品やフェアトレード商品，寄付付の商品，エコ商品，リサイクル製品，資源保護等に関する認証がある製品，地産地消，被災地産品，動物福祉，エシカルファッションなど，消費者自身が「社会的活動の解決を考慮したり，そうした課題に取り組む事業者を応援しながら消費活動を行うこと」を目的とした消費意識や消費行動が増えているということである[3)]。特に海岸林保全活動のような社会的課題の解決に対しても，広く適切に消費者に伝えることで多くの消費者の賛同や協力を得やすい状況にあるといえる。

また，消費者を含め，企業や組織の地域での活動に対する追い風として，SDGsがある。SDGsは，「持続可能で多様性と包摂性のある社会の実現のため，2030年を年限とする17の国際目標」である。この持続可能な開発目標は，①あらゆる場所のあらゆる形態の貧困を終わらせる，②飢餓を終わらせ，食料安全保障及び栄養改善を実現し，持続可能な農業を促進する，③あらゆる年齢のすべての人々の健康的な生活を確保し，福祉を促進する，④すべての人々への包括的かつ公正な質の高い教育を提供し，生涯学習の機会を促進する，⑤ジェンダー平等を達成し，すべての女性及び女児の能力強化を行う，⑥すべての人々の水と衛生の利用可能性と持続可能な管理を確保する，⑦すべての人々の，安価かつ信頼できる持続可能な近代的エネルギーへのアクセスを確保する，⑧包括的かつ持続可能な経済成長及びすべての人々の完全かつ生産的な雇用と働きがいのある人間らしい雇用（ディーセント・ワーク）を促進する，⑨強靭（レジリエント）なインフラ構築，包括的かつ持続可能な産業化の促進及びイノベーションの推進を図る，⑩各国内及び各国間の不平等を是正する，⑪包括的で安全かつ強靭（レジリエント）で持続可能な都市及び人間居住を実現する，⑫持続可能な生産消費形態を確保する，⑬気候変動及びその影響を軽減するための緊急対策を講じる，⑭持続可能な開発のために海洋・海洋資源を保全し，持続可能な形で利用する，⑮陸域生態系の保護，回復，持続可能な利用の推進，持続可能な森林の経営，砂漠化への対処，ならびに土地の劣化の阻止・回復及び生物多様性の損失を阻止する，⑯持続可能な開発のための平和で包摂的な社会を促進し，すべての人々に司法へのアクセスを提供し，あらゆるレベルにおいて効果的で説明責任のある包摂的な制度を構築する，⑰持続可能な開発のための手段を強化し，グローバル・パートナーシップを活性化することが提示されている[4)]。

SDGsなどに対して積極的に活動する企業や組織の事業活動を積極的に支えていこうということは，資金調達の面にも及んでいる。これは環境，社会，ガバナンスに着目し持続的に環境や社会問題の解決に積極的に取り組んでいく企業や組織の事業活動に対する投資を積極的にしようというESG投資や社会的責任投資と呼ばれる動きである。ヨーロッパを中心に定着し，アメリカや日本でもその投資量は増加傾向にあり，今後の企業への投資の基本として，ますます重要になっていくものと考えられる。このように，企業や組織の活動は経済的価値とともに社会的価値も同時に実現させていくCSVの視点に基づく活動が大きく広がりをみせている。

もっとも，海岸林の保全活動に参加・協力を求めるのであれば，企業や組織によっては，本業との関連性の薄いCSR活動となることも多いものと考えられる。そのため，海岸林の保全活動が本業との親和性が薄い企業に対して，どのように参加することの意義を見出せるかは課題である。

加えて，地域の海岸林保全活動に対する追い風を取り込むには，地域住民や地域の企業，組織を保全活動の中心としながらも，その地域外からの海岸林保全活動に興味を示す企業や組織，さらには住民を継続的に巻き込んでいく仕組みづくりも重要な課題と考えられる。その意味では，庄内海岸砂防林に見る多様な協働主体に基づく体制や，企業や組織を巻き込むためのやまがた絆の森活動における企業参画の方法は参考になる。具体的には，企業の森の設置や，寄付などの資金提供，森づくりのイベントへの行事参加や森林整備，森林環境学習による啓発活動など，地域を超えて企業や組織がその状況に応じて参画しやすいプログラムを提示している。

地域外の協力者を獲得することは，各地域の歴史的資産の再発見や再解釈につながっていく可能性も高まる。景勝地や観光地としての評価や豊かな自然に対する評価は，地域住民や地域企業よりも観光客や地域外からの視点のほうが見えやすいことも多いからである。例えば，近年の訪日外国人客の訪問地が多岐にわたるのも，地元民には当たり前の光景が訪日外国人客にとっては魅力的と感じられるためである。したがって，地域に眠る歴史的資産を現代の文脈的価値を用いて地域社会の豊かさとして評価するためには，地域内だけでなく，地域外も含めたより多角的な視点からの検討が重要となる[5]。

［注記］

１）大崎（2018）p.64参照。
２）岩尾（2018）p.60参照。
３）消費者庁（2018）「平成29年４月「倫理的消費」調査研究会とりまとめ資料：あなたの消費が世界の未来を変える―（座長：東京大学名誉教授　山本良一）」資料参照。
URL:https://www.caa.go.jp/policies/policy/consumer_education/consumer_education/ethical_study_group/pdf/region_index13_170419_0003.pdf（2020.03.20閲覧）
４）国際連合広報センター 外務省仮訳（2015）「我々の世界を変革する：持続可能な開発のための2030アジェンダ（2015年９月25日第70回国連総会で採択）」資料に依拠する
URL：https://www.mofa.go.jp/mofaj/files/000101402.pdf（2020.03.20閲覧）
５）三村（2001）参照。

［引用・参考文献］

岩尾詠一郎（2018）「海岸林の管理活動への民間企業の参加可能性について―２地区での地方自治体と民間企業のヒアリング調査結果を踏まえて―」『平成30年度日本海岸林学会石垣大会研究発表会要旨集』pp.60-61。

大崎恒次（2018）「地域の海岸林活動に対する流通業者の参入に関する研究―地域の流通業者における社会的価値の創造に着目して―」『平成30年度日本海岸林学会石垣大会研究発表会要旨集』pp.64-65。

三村優美子（2001）「新しい共生型地域振興の試みに向けて」『マーケティング・ジャーナル(82)』pp.2-3。

第7章

海岸林の価値観の再構成

今後の海岸林の保全管理活動において，その周辺で生活する地域住民や企業といった「地域」の協力や意見は必要不可欠であり，地域に対して海岸林の保全管理に興味を抱かせるような海岸林の保全・利用計画を提案することが重要である。前述のとおり，海岸林は飛砂防止や防風といった防災機能を主要な目的として造成されたが，近年になって他の機能を含めた多面的機能（森林の持つ多面的機能）を持つ施設であることが注目されている。この多面的機能を活かし，海岸林が防潮堤といった「非常時」特定の物理現象の緩和を対象とするのとは異なる「日常時」にも様々な機能を発揮する「生産性のある施設」として適切に認識してもらい，それを活かした海岸林の保全・利用計画を策定することが，地域の海岸林に対する評価・意識を上げるのに有効であると考えられ，地域の海岸林への評価の現状を把握することが必要である。そして今後の海岸林の保全管理活動の方向性についてはその住民の評価を反映させることが「地域の海岸林」として認識されると考えられ，その方向性についても確認することが有効であると考える。また，保全管理活動を実施するにあたり，まずは参加者及び参加団体の意識やイメージ，意向を把握することも重要である。

ここでは保全管理活動を行うきっかけとなる「価値観」について，地域が海岸林に求める「機能」と「目指す姿」に着目し，アンケート調査の結果からそれぞれについて考察する。また，海岸林の持つ多面的機能の１つである資材資源供給機能について，実際の試行・活用についても企業が関わった事例を紹介する。

1 保全管理活動を行うきっかけとなる価値観

a）アンケート調査からみた海岸林の多面的機能の評価及び今後の海岸林保全管理の方向性－高知県黒潮町の事例－

海岸林の多面的機能の評価及び海岸林のイメージ評価について，地域住民を対象としたアンケート調査を実施した。調査対象地は静岡県と高知県の２県とし，市役所や地区長に配布・回収を依頼した。調査対象地域は，静岡県の４市（掛川市，磐田市，袋井市，沼津市）と高知県の１町（黒潮町）とし（図表7-1，写真7-1），被験者数の合計は326名である（図表7-2）。]

図表7-1　調査対象地域

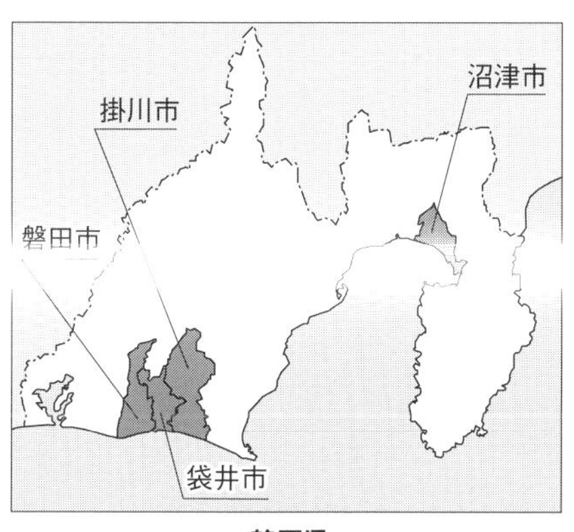

静岡県

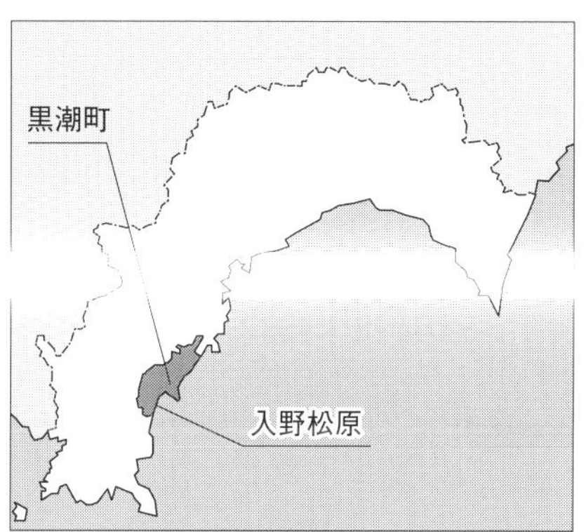

高知県

写真7-1　調査対象地域の概景

遠州灘（掛川市）

入野松原

図表7-2　被験者の属性

静岡県	掛川市	36	193
	磐田市	48	
	袋井市	63	
	沼津市	46	
高知県	黒潮町	133	133
計			**326**

注：単位は「名」。

ここでは入野松原がある高知県黒潮町の結果を事例として，当地におけるヒアリング調査の結果を交えて紹介する。

多面的機能の評価について，体験評価（どの程度体験しているか），現状評価（どの程度感じているか），期待評価（どの程度期待しているか）について18項目を５段階評価してもらい，これを共通の評価基準で評価した潜在評価尺度によってグループ化すべく因子分析（Promax回転を実施）を実施した。その結

図表7-3　体験評価，実感評価，期待評価の因子分析の結果の概要と各尺度の平均値

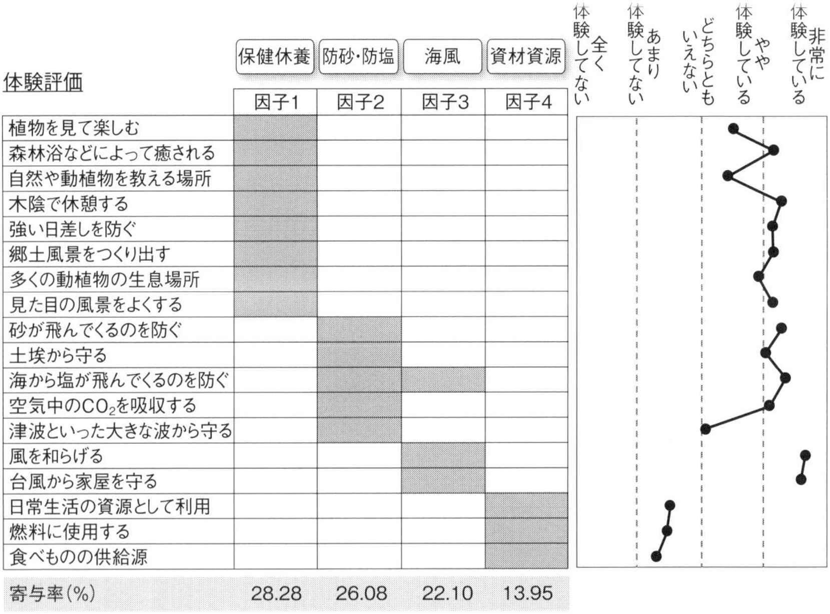

体験評価

	保健休養 因子1	防砂・防塩 因子2	海風 因子3	資材資源 因子4
植物を見て楽しむ	■			
森林浴などによって癒される	■			
自然や動植物を教える場所	■			
木陰で休憩する	■			
強い日差しを防ぐ	■			
郷土風景をつくり出す	■			
多くの動植物の生息場所	■			
見た目の風景をよくする	■			
砂が飛んでくるのを防ぐ		■		
土埃から守る		■		
海から塩が飛んでくるのを防ぐ		■	■	
空気中のCO_2を吸収する		■		
津波といった大きな波から守る		■		
風を和らげる			■	
台風から家屋を守る			■	
日常生活の資源として利用				■
燃料に使用する				■
食べものの供給源				■
寄与率(%)	28.28	26.08	22.10	13.95

果，図表7-3のとおり，「体験評価」としては保健休養機能，防砂・防塩機能，

現状評価

	保健休養	防災	散策	資材資源
	因子1	因子2	因子3	因子4
見た目の風景をよくする	■			
郷土風景をつくり出す	■			
多くの動植物の生息場所	■			
自然や動植物を教える場所	■			
森林浴などによって癒される	■		■	
植物を見て楽しむ	■			
津波といった大きな波から守る	■			
台風から家屋を守る	■			
砂が飛んでくるのを防ぐ		■		
海から塩が飛んでくるのを防ぐ		■		
土埃から守る		■		
風を和らげる		■		
空気中のCO_2を吸収する		■		
木陰で休憩する			■	
強い日差しを防ぐ			■	
日常生活の資源として利用				■
燃料に使用する				■
食べものの供給源			■	■
寄与率(%)	31.23	26.58	24.86	14.37

全く感じない　あまり感じない　どちらともいえない　やや感じる　非常に感じる

期待評価

	保健休養	防災	資材資源
	因子1	因子2	因子3
森林浴などによって癒される	■		
津波といった大きな波から守る	■		
郷土風景をつくり出す	■		
見た目の風景をよくする	■		
自然や動植物を教える場所	■		
土埃から守る	■		
強い日差しを防ぐ	■		
木陰で休憩する	■		
多くの動植物の生息場所	■		
空気中のCO_2を吸収する	■		
植物を見て楽しむ	■		
海から塩が飛んでくるのを防ぐ		■	
砂が飛んでくるのを防ぐ		■	
風を和らげる		■	
台風から家屋を守る		■	
燃料に使用する			■
日常生活の資源として利用			■
食べ物の供給源			■
寄与率(%)	33.34	27.97	12.60

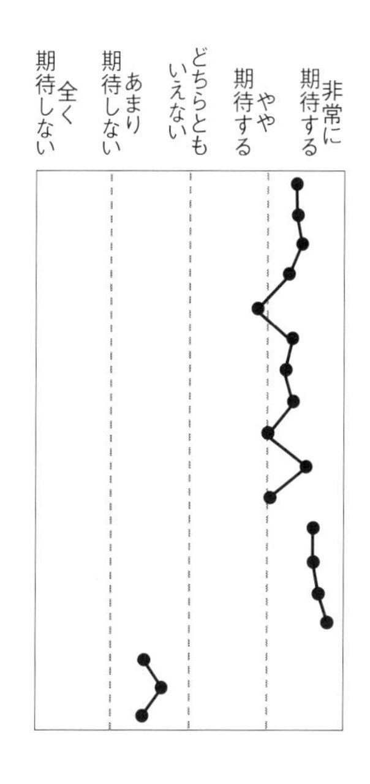

図表7-4　各対象地域における因子分析の結果からみた潜在評価尺度

		因子1	因子2	因子3	因子4	因子5	因子6
体験評価	黒潮町	保健休養	防砂防塩	海風	資材資源		
	掛川市	保健休養	防災	未体験	林内散策		
	磐田市	保健休養	防災	資材	食材		
	袋井市	保健休養	防災	資材資源			
	沼津市	資材資源・植物	海水・海風	保健休養	防砂防塵	景観	
現状評価	黒潮町	保健休養	防災	散策	資材資源		
	掛川市	森林セラピー	保健休養	侵入阻止	資材資源	防風	
	磐田市	森林セラピー	海風	資材資源	景観	侵入阻止	
	袋井市	保健休養	防災	資材資源	林内景観	防砂防塵	林内植物
	沼津市	資材資源	防災	散策	景観		
期待評価	黒潮町	保健休養	防災	資材資源			
	掛川市	防災	保健休養	資材資源	台風	畑地への効果	
	磐田市	保健休養	資材資源	防災	現状以上に大きく期待		
	袋井市	散策	景観	資材資源	海水・海風		
	沼津市	環境教育	海水・海風	評価のばらつきが大きい	森林セラピー	景観	

凡例：保健休養機能（白）　防災機能（灰）　資材資源供給機能（黒）

海風に対する機能，資材資源供給機能，「現状評価」としては保健休養機能，防災機能，森林散策機能，資材資源供給機能，「期待評価」としては保健休養機能，防災機能，資材資源供給機能というグループに分類して評価していることが確認された。これは静岡県の各対象地域における因子分析の結果をみても大まかには上記のグループに分類できることが確認されている（図表7-4）。そしてどのグループを強く意識しているかの割合（寄与率）では，「体験評価」，「現状評価」，「期待評価」いずれにおいても保健休養機能の比率が高く，体験・現状・期待いずれにおいても海岸林に対して「保健休養機能」としての役割を強く意識していると言い替えられる。そしてどの機能の評価が高いかについて把

図表7-5　デメリット評価の因子分析の結果の概要と各尺度の平均値

	見た目	管理・作業	遮蔽	繁み
	因子１	因子２	因子３	因子４
閉鎖的な感じがする				
風景を悪くする				
海が見えなくて景色が悪い				
トゲ植物で近寄りがたい				
海が見えなくて怖い				
治安面で不安になる				
植物が多すぎて入れない				
木が大きく倒れそうで危険				
大きな枝が落ちてきて危険				
ゴミの投棄場所				
落ち葉や枝の処理が大変				
木が枯れていてみっともない				
陰になり陽が当らなくなる				
涼しい風をさまたげる				
虫や動物が多い				
植物うっそうで近寄りがたい				
寄与率（%）	36.46	27.17	19.49	23.48

握すべく「体験評価」「現状評価」「期待評価」における各機能の平均値をみると，「体験評価」では保健休養機能への意識も高いものの，体験しているかの評価としてはやはり海辺という立地特性から来る「海風に対する機能」が高かったことがわかる。そして「現状評価」「期待評価」では「資源資材供給機能」の評価が低かったものの，他の機能については評価が高かった。よって，黒潮町の住民にとって海岸林は「防災機能，保健休養機能としての役割」が高く評価されており，その機能は今後も高く期待されていることが確認された。

海岸林があることによる様々な問題点を把握すべく，海岸林の問題点（デメリット評価）として考えられる16項目を５段階評価してもらい，これを共通の評価基準で評価した潜在評価尺度によってグループ化すべく因子分析を実施した。その結果，図表7-5のとおり，問題点は大きく３つに分けられ，それぞれ「見た目の問題」「管理・作業上の問題」「遮蔽による問題」「繁みが存在することによる問題」と分類できた。その中でも最も意識されているのは「見た目の問題」で，次いで「管理・作業上の問題」「遮蔽による問題」「繁みが存在することによる問題」の順番であった。そしてその評価値（平均値）をみると，「ゴ

図表7-6　保全管理活動への参加意思と行政への期待と協働意思（平均値）

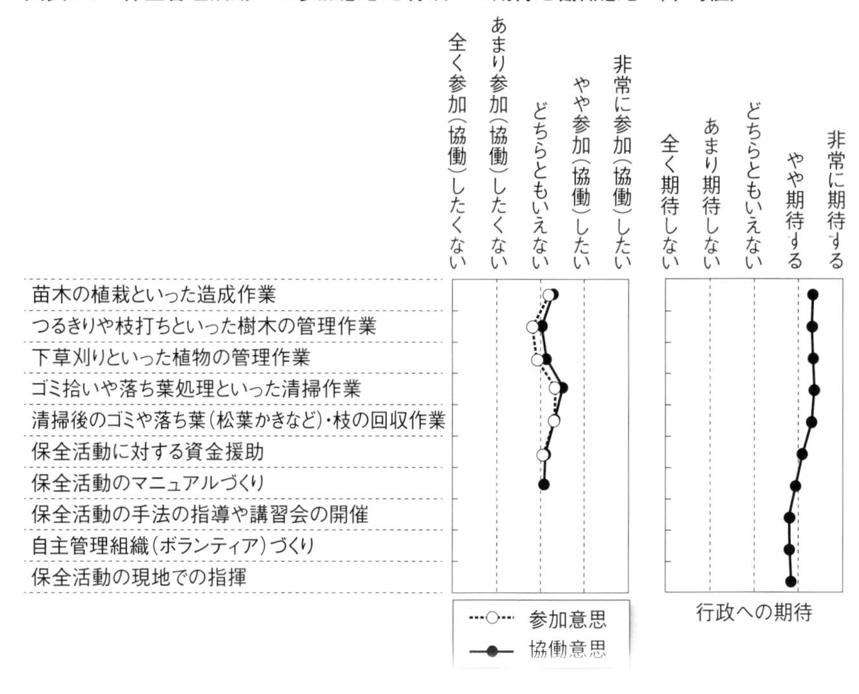

ミの投棄場所」としての問題が一番深刻であることが確認された。ただしこの「ゴミ」には海からの漂着物も含まれており，地域単独では解決できない大きな問題でもあると考えられる。いずれにせよ，海岸林の問題点は多岐にわたりその評価も様々であることが確認された。しかしながら今後はそれらの問題点をまとめてあるいは個別に対応するのではなく，上記の４つの分類（潜在評価尺度）によって各々で対応していくことが有効であると考えられる。

保全管理活動への参加意思及び行政への期待と協働意思について質問した結果，図表7-6のとおり，保全管理活動への参加意思については積極的とも消極的とも捉えづらい結果となった。このうちつる切りや枝打ち，下草刈りといった管理作業での参加意思が低かった点については，過去に入野松原において入林が規制されていた（ヒアリング調査にて確認）という歴史が影響しているのではと考えられ，ゴミ拾いや落ち葉の回収及びその処理作業への参加意思が高めなのは，現在も活動として行われている（サーファー等によるごみ拾い活動など）ためと考えられる。そして管理作業について行政への期待をみるといずれ

図表7-7　各イベント項目への期待（平均値）

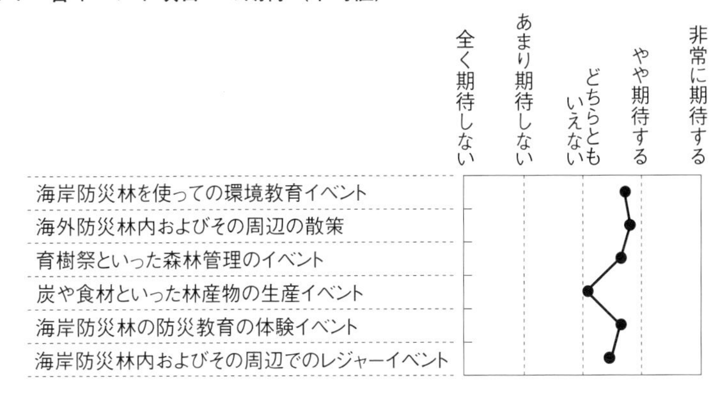

も高く，当地においては海岸林の管理作業では行政機関に先導してもらいたいという要求が高いことが確認できたことから，まずは第一段階として行政機関が先頭となって管理作業への理解と働きかけをし，その後は地域で一体となっての保全管理作業をさらに充実させるというステップが有効であることが確認された

海岸林への利活用の期待について，海岸林を「イベントの場」として考えた場合に，どんなイベントを期待するかという点に着目した。黒潮町にある入野松原では海岸を利用した「Ｔシャツアート展」や「はだしマラソン大会」など，様々なイベントが開催されているが，海岸林自体を活用したイベントとしてはどのようなイベントが期待されているのかについて，考えられる６つのイベント項目について期待度合いを質問した。その結果図表7-7のとおり，もっとも期待が高いのは「海岸林内及びその周辺の散策」で，これは海岸林の多面的機能の評価において保健休養機能が高かったことと連動していると考えられ，個人でされている林内散策もイベントとして実施して多くの方々と共感することで，地域における海岸林への共通認識や理解を高めることができる機会になり得ることが確認された。また この散策の際に海岸林内の植物等の説明を加えた環境教育的な要素を加えることも有効であると考えられる。

次に他地域との結果の違いを把握することで「黒潮町ならではの海岸林の価値観」を見出すことを目的とし，同様のアンケート調査を実施した静岡県の４市（掛川市，磐田市，袋井市，沼津市）の結果との比較を行った。その結果，海

図表7-8　海岸林のイメージ（平均値）の比較

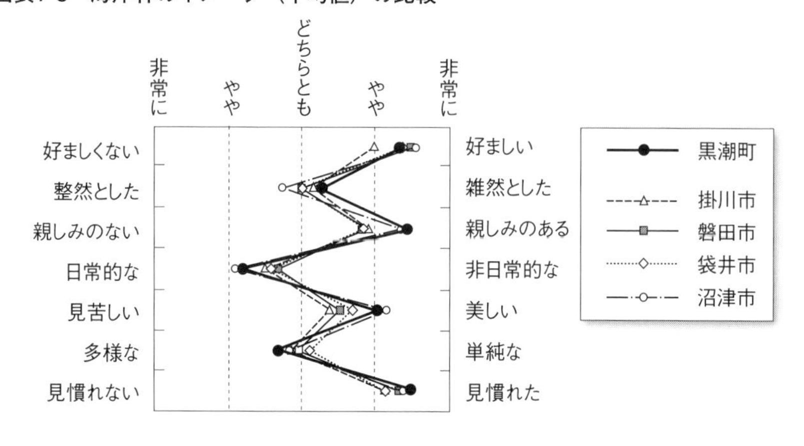

図表7-9　多面的機能の評価（平均値）の比較

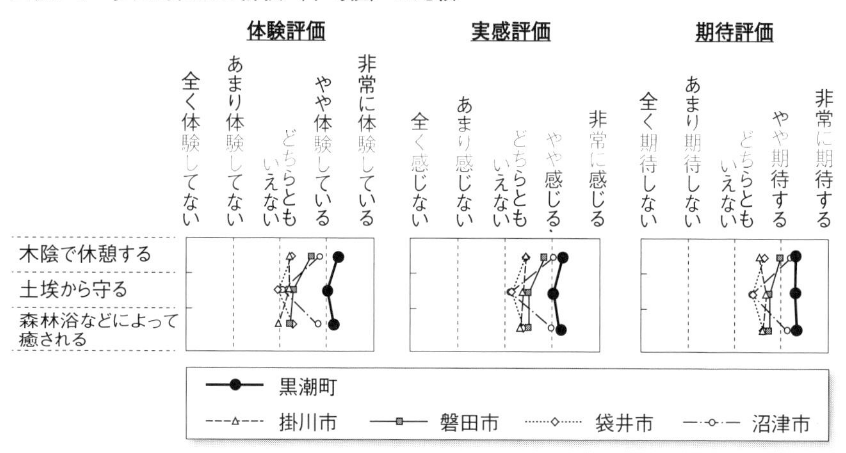

注：分散分析によって有意差が見られた尺度のみを表記。

岸林のイメージにおいて他の地域と比べて「親しみのある」「日常的な」「見慣れた」という評価が強いことが確認された（図表7-8）。これは黒潮町の住民にとって海岸林は日常生活の中に溶け込んでいるものであると感じ，その気持ちは他の地域よりも強いということを示している。そして海岸林の多面的機能の評価について，黒潮町において特に評価が高かった機能として「木陰で休憩す

写真7-2　海岸林に挟まれたラッキョウ畑（入野松原）

図表7-10　デメリットの評価（平均値）の比較

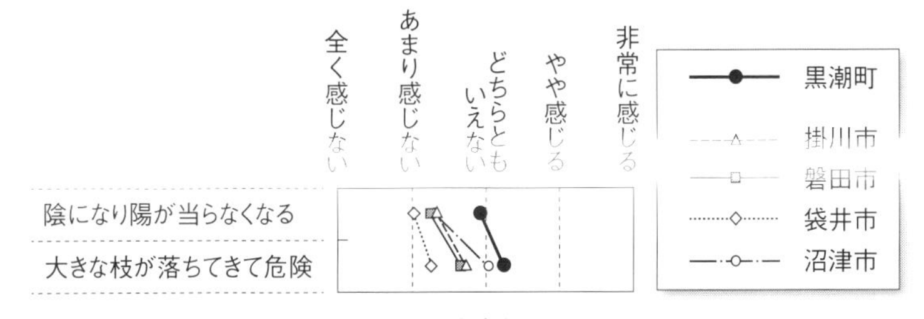

注：分散分析によって有意差が見られた尺度のみを表記。

る」「土埃から守る」「森林浴などによって癒される」が挙げられる（図表7-9）。「木陰で休憩する」「森林浴などによって癒される」の評価が高かったのは，黒潮町の住民が海岸林を散策路としてよく活用していることからであると思われ，このことからも黒潮町の住民の海岸林への保健休養機能の評価・期待の高さが確認できる。そして「土埃から守る」の評価が高かったのは，入野松原の敷地内に挟まれるように存在するラッキョウ畑（写真7-2）が起因していると考えられ，これも黒潮町ならではの特徴かもしれない。海岸林のデメリットでは，「陰になり陽が当たらなくなる」「大きな枝が落ちてきて危険」の評価が高かったことが特徴として挙げられる（図表7-10）。これは入野松原のすぐ背後に住宅地があるという特徴が反映されたものであると考えられ，住宅地に近い部分の木に

写真7-3　住宅地に隣接した部分の海岸林の伐採（入野松原）

図表7-11　保全管理活動への参加意思（平均値）の比較

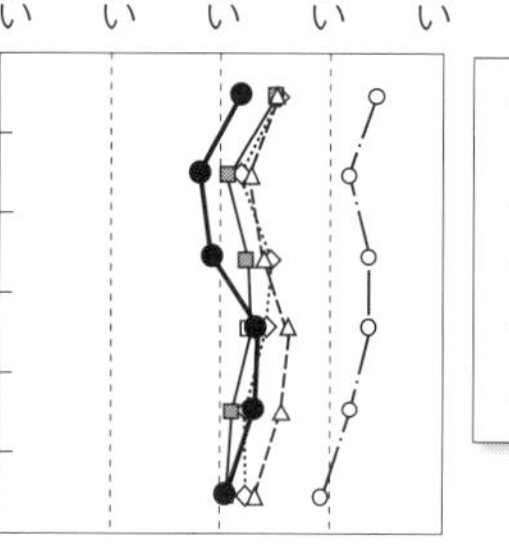

ついて植え替え等の対策を取る（写真7-3）ことは必要かもしれない。そして保全管理活動への参加意思については，今回調査した他の４地域と比べ，黒潮町は保全作業への参加意思が低いという結果（図表7-11）となり，現状として行われている保全管理活動についての改善が求められているのかもしれない。

以上，今回のアンケートの結果をまとめると，まず黒潮町における海岸林の役割の評価について箇条書きすると，

・住民は海岸林の持つ多面的機能をおおまかに「保健休養機能」「防災機能」「資材資源機能」とグループ化して評価しており，とりわけ「保健休養機能」への意識が高い。
・「保健休養機能」「防災機能」の評価の得点をみると現状・今後ともに高く，海岸林の保健休養的な役割を評価しており，今後も期待している。
・「資材資源機能」の評価の得点をみると現状・今後とも評価が低かった。

となる。黒潮町の海岸林は保健休養機能への注目度・評価が高く，この機能は今後も維持すべきである。そして防災機能も評価が高いことから，引き続き機能を維持していくことが有効であるといえる。しかし，ここで評価が低かった「資材資源機能」について，単に評価が低いから活かさないとは考えず，逆にこの部分を伸ばすことで新たな発展の可能性を秘めている機能と捉え，この部分を発展させることで海岸林の評価がさらに上昇する可能性を秘めていると考え活用することも有効であると考えられる。そして海岸林の問題点も，大きく4グループに分類し，そのグループ毎で対応を考えていくことが有効であると考えられる。

b）アンケート調査からみた海岸林の多面的機能の評価及び今後の海岸林保全管理の方向性－海岸林の保全管理活動への企業参入のきっかけづくりの視点から－

ここではa）で実施したアンケート調査の結果を用いて，海岸林の保全管理活動への企業参入のきっかけづくりについて検討した結果を紹介する。海岸林の管理への環境CSRの導入は，森林からすれば多面的機能を安定して発揮できるような環境の維持が，企業からすれば環境をブランドイメージに取り入れられることが期待でき，双方にとってメリットがあると考えられる。しかしながら企業側からすれば，どのような管理作業へ携わることが環境のブランドイメージ（本研究では海岸林のイメージがブランドイメージとして反映されると仮定する）をより効率的に得ることができるかが知りたいところである。また海岸林は地域によってその構成や求められる機能が異なっており，その地域における海岸林の立ち位置を把握せず管理活動に参画しても非効率的である。さらには地域における特性を把握することは，その地域の企業にとっては地域貢献と

図表7-12　管理作業への参加意思（平均値）の比較

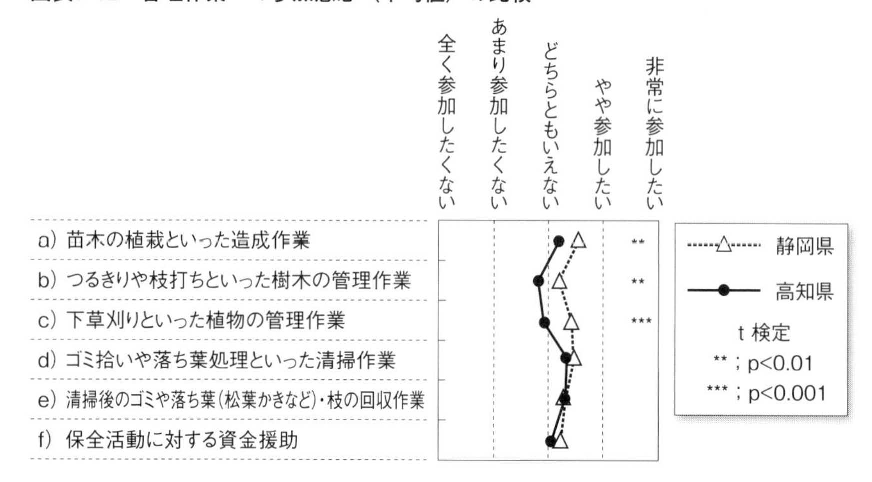

してのイメージも得られると考えられる。しかしながらその実態については解明されておらず，まずはこの部分を明らかにすることが，企業が環境CSRといった活動として海岸林の管理に参入しやすくなるきっかけになると考える。

ここではアンケートの実施地域を静岡県（掛川市，磐田市，袋井市，沼津市）と高知県（黒潮町）とに区分して述べる。海岸林で実施される管理作業への参加意思の平均値を地域ごとにみた結果を図表7-12に示す。全体では「苗木の植栽といった造成作業」「ゴミ拾いや落ち葉処理といった清掃作業」への参加意思が高かった。両地域で比較した場合「苗木の植栽といった造成作業」「つる切りや枝打ちといった樹木の管理作業」「下草刈りといった植物の管理作業」において差がみられ，いずれも静岡県の参加意思が高かった。海岸林に抱いているイメージの平均値について地域ごとにみると，図表7-13のとおり，全体では「好ましい」「親しみのある」「美しい」というイメージが強いことが確認された。次に両地域で比較した場合，「親しみのある」「美しい」というイメージが静岡県よりも高知県で強かった。そして参加意思とイメージの関連性をみるため，海岸林のイメージのうち「好ましくない－好ましい」「親しみのない－親しみのある」「見苦しい－美しい」を目的変数，各作業項目の参加意思を説明変数とした重回帰分析（Stepwise法）を行った結果，図表7-14のとおり，静岡県では「好

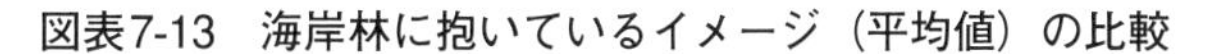

図表7-13　海岸林に抱いているイメージ（平均値）の比較

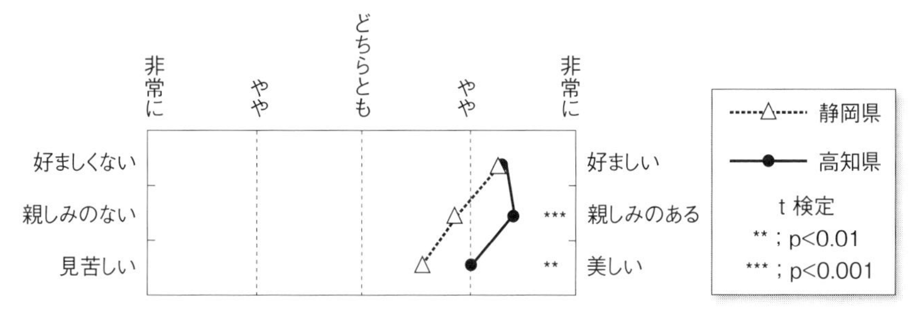

図表7-14　イメージ尺度と各作業項目の参加意思の関係（重回帰分析）

静岡県

イメージ尺度 1点	-	イメージ尺度 5点	切片	偏回帰係数 a)	b)	c)	d)	e)	f)	R^2 値
好ましくない	-	好ましい	3.279				0.30**			0.0944
親しみのない	-	親しみのある	2.479				0.41***			0.1398
見苦しい	-	美しい	2.668	0.25**						0.0490

高知県

イメージ尺度 1点	-	イメージ尺度 5点	切片	偏回帰係数 a)	b)	c)	d)	e)	f)	R^2 値
好ましくない	-	好ましい	4.337							0.0000
親しみのない	-	親しみのある	3.737	0.22*						0.0757
見苦しい	-	美しい	4.011							0.0000

ましくない－好ましい」と「親しみのない－親しみのある」はd）と，「見苦しい－美しい」はa）における偏回帰係数で有意性がみられ，各管理作業の評価が上がると「好ましい」「親しみのある」「美しい」のイメージが強くなることが確認された。一方高知県では「親しみのない－親しみのある」とa）における偏回帰係数で有意性がみられ，各管理作業の評価が上がると「親しみのある」のイメージが強くなることが確認された。

海岸林への利活用の期待（各イベント項目への期待）を図表7-15に示す。全体において，６項目のうち最も期待の高かったのは「海岸林内及びその周辺の散策」であり，次いで「育樹祭といった森林管理のイベント」，「海岸林を使っ

図表7-15　各イベント項目への期待（平均値）の比較

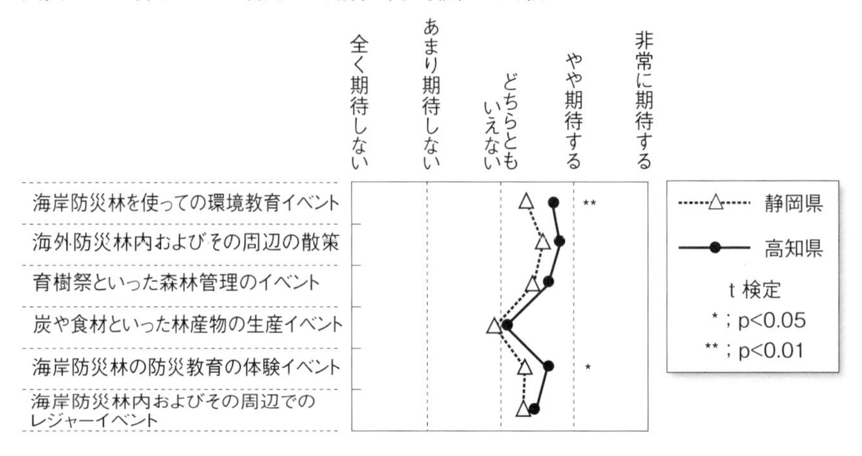

ての環境教育イベント」の順であった。静岡県と高知県との間では「海岸林を使っての環境教育イベント」,「海岸林における防災教育の体験イベント」においてｔ検定による有意差が確認され，いずれの項目も高知県での期待が高かった

以上の結果より，海岸林の管理に必要な作業についての地域住民の評価には違いがあり，それは地域によっても差があることが確認された。また，海岸林のイメージの変化に影響する管理作業もイメージ尺度や地域によって異なることも確認された。よって企業が海岸林の管理に参画する場合にはその地域で評価が高く，その企業が求めているブランドイメージに近い海岸林のイメージに影響する管理作業に着目することが，企業にとっても効果的であるといえる。例えば静岡県の場合,「美しい」というブランドイメージを高めたいのであれば苗木の植栽作業に携わること,「好ましい」や「親しみのある」というブランドイメージを高めたいのであればゴミ拾いや落ち葉処理といった清掃作業に携わることが効果的であると推測される。そして企業が比較的参入しやすいと思われるイベントの開催においてはイベントによってその期待度が地域によっても異なっており，地域で期待されているイベントを開催することも企業が海岸林を通して地域住民とつながる有効な手段の１つであると考えられる。このように，まずはその地域の海岸林で求められている管理作業を把握し，それと企業

として得たいブランドイメージとの関連性を把握することで，企業が海岸林の管理作業に参入しやすい環境をつくりだすことができる。そして企業が海岸林管理に携わることにより，よりよい海岸林が形成・維持されることも期待できる。

c）アンケート調査からみた保全管理活動における「目指すべき姿」－鳥取県弓ヶ浜海岸林の事例－

保全管理活動を行うにあたっての参加者及び参加団体の意識やイメージ，意向の把握として，ここでは鳥取県弓ヶ浜海岸林における「弓ヶ浜・白砂青松そだて隊」における保全管理活動（各団体に担当区画の保全管理を行ってもらうアダプト形式）への参加者を対象としたアンケート調査を実施したので，その結果より保全管理活動における「目指すべき姿」の設定とその重要性について考えてみる。

アンケートは2018年７月～９月に，「弓ヶ浜・白砂青松そだて隊」へ参加する団体（24団体）と団体内の参加者（102名）を対象に実施した。各団体の活動形態について，年間の活動回数（例年の値）と１回の参加人数（平均的な人数）を質問したところ，図表7-16のとおり，活動回数は多くの団体が２～４［回／年］と回答したが，活動団体によっては８［回／年］，14［回／年］と高い頻度で活動を行っている団体もみられた。また１回の参加人数は10～19［人／回］と回答した団体が最も多く，100［人／回］以上と回答した団体も見られた。このように団体によって様々な活動形態をとっていることがわかる。

次に保全管理活動自体のイメージについて質問したところ，図表7-17のとおり，全体として「交流が期待できる」「今後も活動したい」というイメージが強く，団体内での交流への期待が大きいことが確認された。これを年代別（10～20代，30～50代，60代～）にみると10～20代において他と比べて特徴的な傾向がみられ，「興味がない」「面倒くさい」「つまらない」「気が重い」というネガティブなイメージが強かった。しかしながら「交流が期待できる」のイメージは他との有意差はみられないものの各世代の中で最も強いイメージを持つことも確認され，10～20代は半ば強制的に参加させられているものの団体内での交流への期待は他の世代よりも強く抱いていることが推察できる。

図表7-16　各団体における活動形態（活動回数，参加人数）

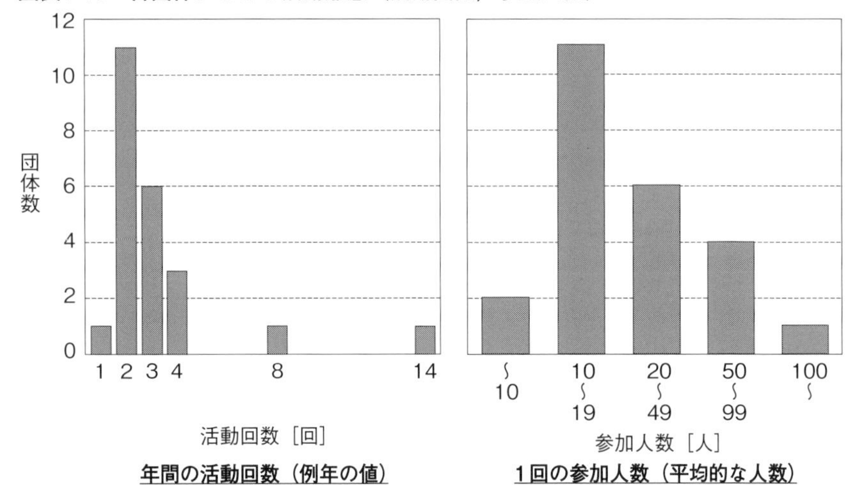

図表7-17　保全管理活動自体のイメージ（平均値）

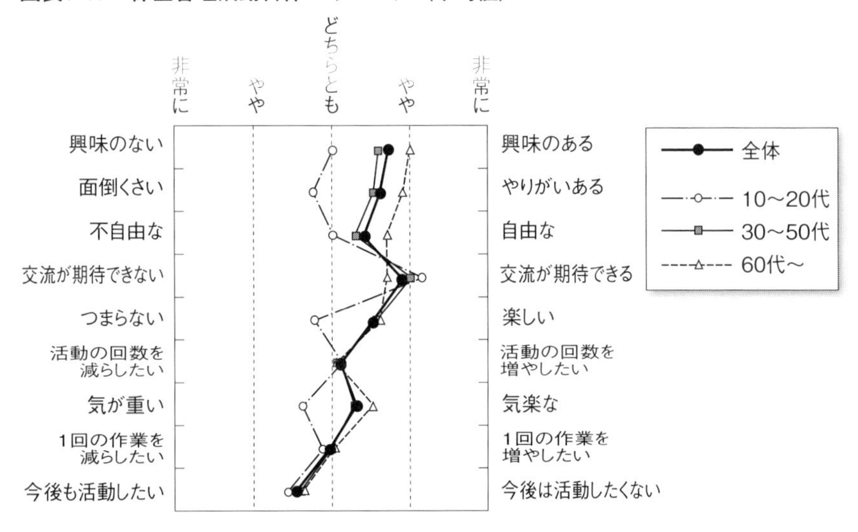

そして松林の保全活動のイメージについて質問したところ，図表7-18のとおり，「松原の保全管理活動の作業は大変」というイメージが特に10～20代にお

図表7-18　松林の保全活動のイメージ（平均値）

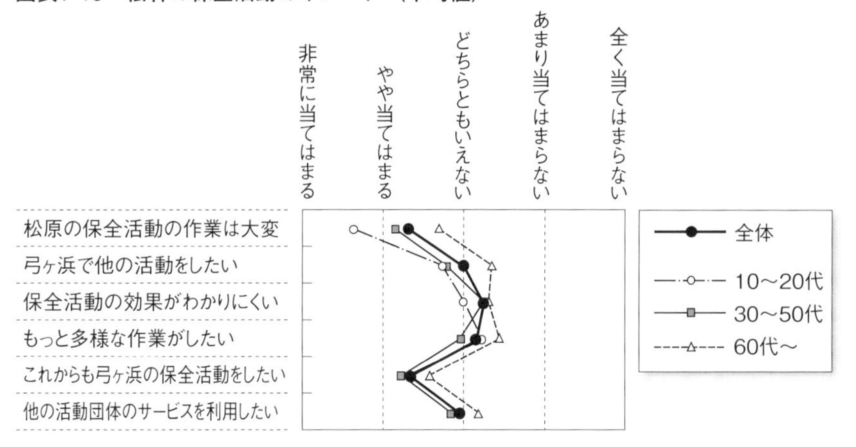

いて強いものの「これからも弓ヶ浜の保全活動をしたい」というイメージも強く，保全管理活動は大変ではあるものの今後の活動自体への消極的なイメージは小さいことが確認できた。そして「これからも弓ヶ浜の保全活動をしたい」という尺度を目的変数，他の尺度を説明変数とした重回帰分析（Stepwise法）を実施したところ，「弓ヶ浜で他の活動をしたい」という尺度において有意性（$p < 0.01$）がみられ，偏回帰係数が0.6493であったことから（図表7-19），「弓ヶ浜で他の活動をしたい」というイメージが上昇すると「これからも弓ヶ浜の保全活動をしたい」というイメージが上がる，すなわち弓ヶ浜で保全管理活動以外の活動が可能になることによって保全管理活動への意欲が向上することが確認された。そこで現在の弓ヶ浜との関わりについて質問したところ，図表7-20のとおり，全体では「車で松原の脇を通る」と回答した被験者が非常に多く，次いで多かった「海水浴に来る（来たことがある）」でも上記の回答の半分以下となっており，現状としては主に車で脇を通る程度の関わりであることが確認された。これを年代別でみると，60代以上で「燃料に使う松葉やキノコを採りに来たことがある」「松原内を散策する」といった松原自体との関わりを持つ回答者が多いことが確認されたことから，以前は海岸林との関わりが少なからずあったことが推察できた。

次に保全管理活動をするにあたって欲しい情報や機会について質問したところ，図表7-21のとおり，「保全管理活動の目指す姿が知りたい」の要望が高いこ

図表7-19 「これからも弓ヶ浜の保全活動をしたい」と「弓ヶ浜で他の活動をしたい」の関係（重回帰分析）

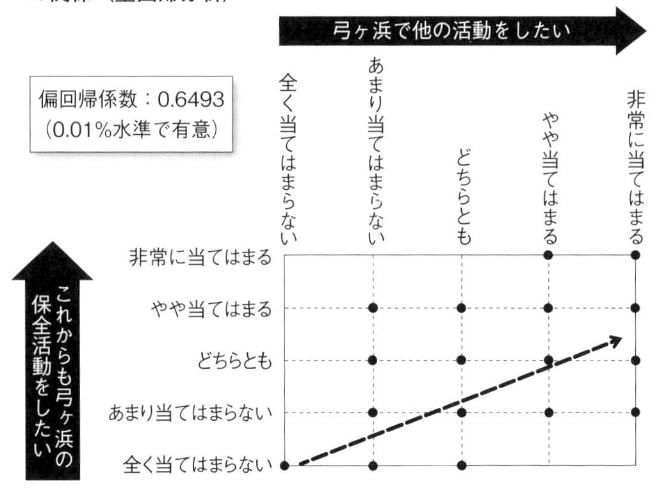

図表7-20 弓ヶ浜との関わり

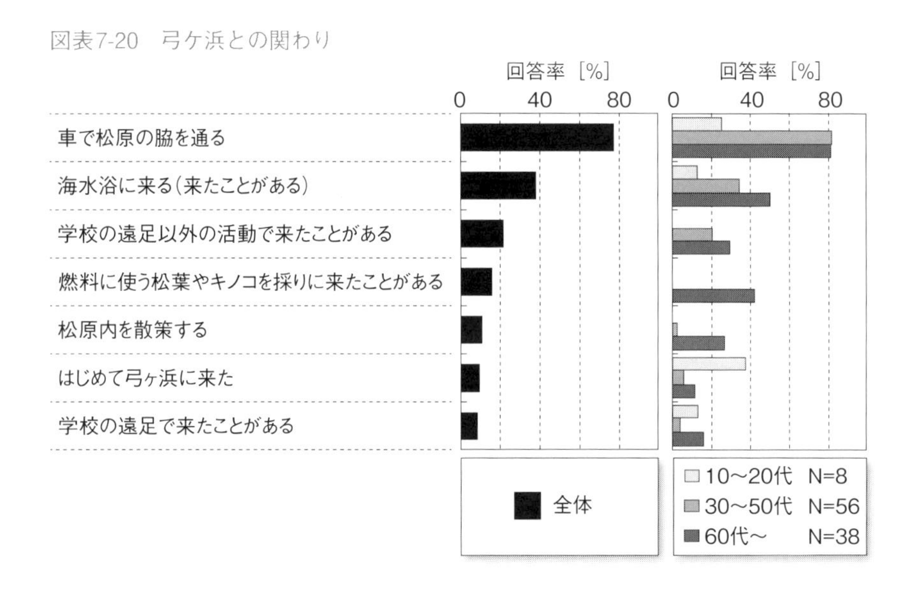

図表7-21　保全管理活動をするにあたって欲しい情報や機会

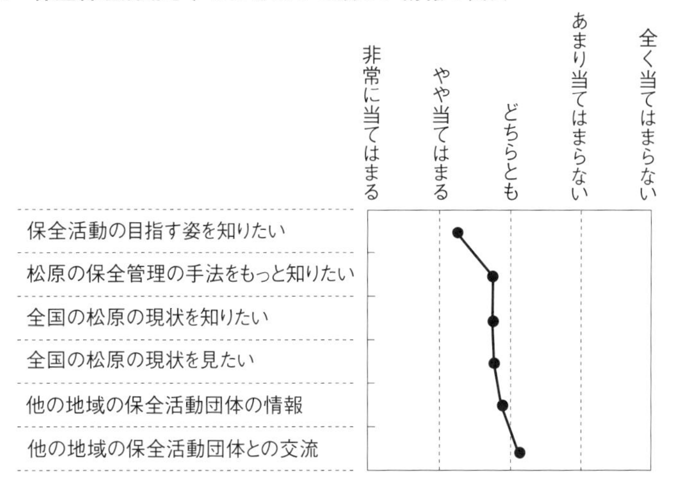

図表7-22　弓ケ浜の目指す姿

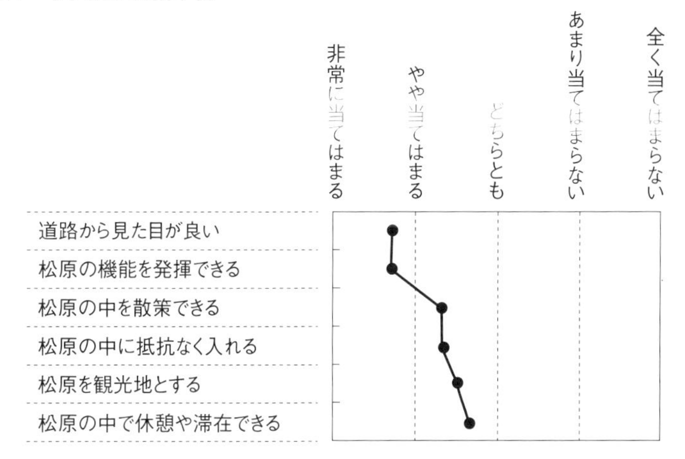

とが確認され，共通の「目指す弓ヶ浜の姿」を持ちたいことが確認された。そして参加者が抱く「弓ヶ浜の目指す姿」について質問したところ，図表7-22のとおり，「道路から見た目が良い」「松原の機能を発揮できる」といった意向が強く，「松原の中を散策できる」「松原の中に抵抗なく入れる」「松原を観光地とする」「松原の中で休憩や滞在できる」といった海岸林内での活用については前者と比べると少し弱めであった。このことから目指す姿として，まずは外から

の見た目と機能の発揮といった少し距離を置いた関係性の構築からという段階で，海岸林内に入っての活用は次の段階の話であるということが確認された。

以上の結果より，当地における保全管理活動について現状としては団体によって様々な活動形態となっており，団体内での交流への期待が大きいと判断できる。そして弓ヶ浜との関わりについては，色々な形で弓ヶ浜に関わりたく保全活動以外でも弓ヶ浜に関わることが保全管理活動へも効果的であるが，現在は主に車で通る程度の関わりと，弓ヶ浜と少し縁遠いようである。そして今後の保全活動については，共通の「目指す姿」を持ち，まずは外からの見た目と機能発揮を当面の目標とすることが確認された。

ここで今回の結果からみた保全管理活動の方向性について考えてみる（図表7-23)。海岸林（松原）との距離感について着目すると，全国的に燃料革命が起きる1960年代までは薪燃料や遊び場としての価値を有しており，海岸林と地域住民との距離感は近かったといえ，これは弓ヶ浜においても該当すると思われる。しかし現在は関係の希薄化が進み，今後は新たな「価値」での距離感の短縮が有効であると考えられる。具体的には「海岸林に興味を持つ機会」「松原を訪れる機会」「松原を知る機会」の３つに段階的に大別できる。まずは「海岸林に興味を持つ機会」を設け，美しい海岸林景観の紹介や情報の発信などで海岸林の存在に対して興味の目を向けさせる。次に「海岸林を訪れる機会」を設け，サイクリングやウォーキング，浜辺でのレジャー・イベントを準備することで，海岸林及びその周辺まで実際に足を運んでもらう仕組みづくりをする。そして「海岸林を知る機会」を設け，ここで海岸林の保全管理活動を実施するほか，さらには海岸林を観察会や調査などの「市民科学」の場とし，自分たちで海岸林を調べて海岸林を知ることで，より「自分達の海岸林」という親近感を持たせることができる。このように保全管理活動以外の「他の機会」で海岸林との距離感を段階的に縮めることが有効であると考える。そしてこの距離感が縮むことで海岸林の保全管理活動への関心が高まる。

そして海岸林の保全管理活動の「目指す姿」の設定について考えてみる（図表7-24)。今回のアンケート調査の結果から考慮しなければならないことは，各団体は活動頻度や活動回数が多様であることである。これは「各団体のビジョン」が多様である（異なる目標，異なる活動程度）と言い換えることができ，これを統一することは無理な話であり，統一する必要はないと考える。しかし

図表7-23　弓ヶ浜における海岸林との距離感の変化

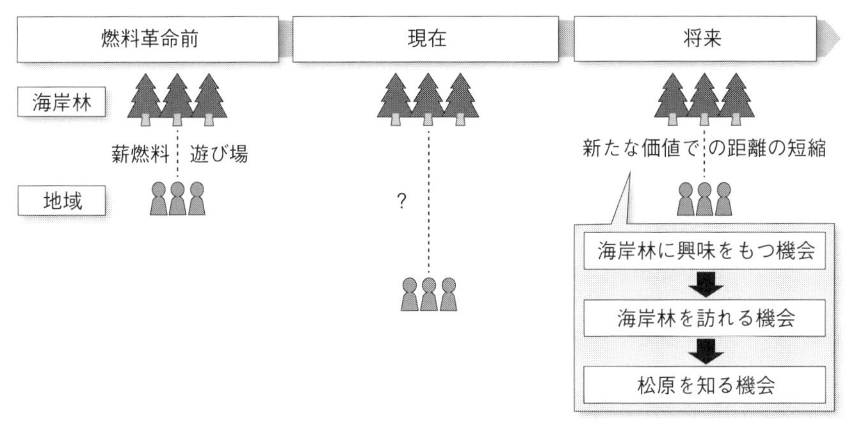

図表7-24　弓ヶ浜における保全管理活動の「目指す姿」の設定

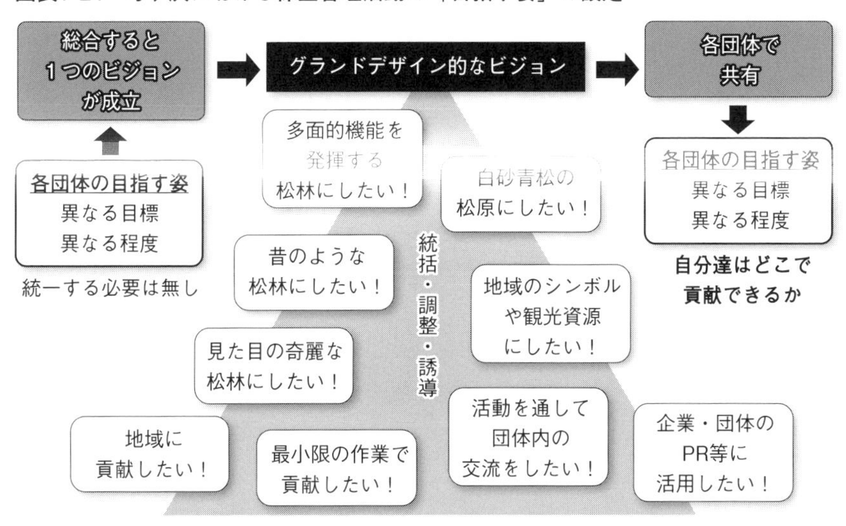

ながら各団体のビジョンを総合することで，総括的な「１つないし複数のビジョン」を成立させることはできる。これを当地における海岸林の保全管理活動の目指す「グランドデザイン的なビジョン」とする。これを各団体で共有することにより，各団体は「各団体のビジョン」を前提として「自分たちはグランドデザイン的なビジョンのどの部分にどの程度，貢献できるか」を考え，それ

図表7-25　弓ヶ浜と虹の松原（唐津市）との評価の比較

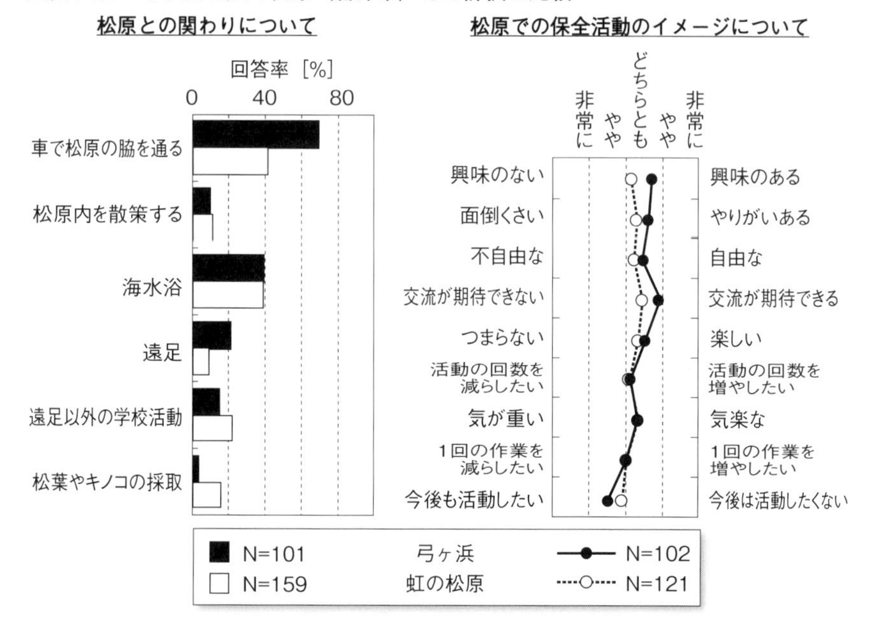

を実行する。これは各団体のビジョンを「木」とするとグランドデザイン的なビジョンは，木が集まってできた「森」であると考えることができ，海岸林の保全管理活動の「仕組み」自体が実は「森づくり」と同じであるといえるのではないだろうか。

次にグランドデザイン的なビジョンの設定の具体例として，今回の調査対象である弓ヶ浜における海岸林の保全管理活動のグランドデザイン的なビジョンの設定に向けたヒント（ポイント）について考察してみる。今回は他の地域の海岸林と比較することにより，地域のニーズ・意識を反映したビジョンを考えるため，同様のアンケート調査を佐賀県虹の松原の保全活動管理者に対しても同時期に実施した（N = 159）。その結果，「松原との関わりについて」では「車で松原の脇を通る」「遠足」の回答率が，「松原での保全活動のイメージについて」では「交流が期待できる」のイメージが弓ヶ浜の方が高かった（図表7-25）。このことから弓ヶ浜における保全管理活動の目指すビジョンとして「活動団体内における交流」がポイントであり，取り入れるべき項目であることが確認された。

2 地域と企業の協働による資材資源供給機能の試行・活用事例 ―特別名勝・虹の松原を『守る』『育てる』『潤す』～虹松プロジェクト～ ―

ここでは上記の資材資源供給機能に着目し，地域と企業の協働による海岸林を活用した商品開発と保全管理活動への還元の事例を紹介し，アンケート調査においては評価が低かった資材資源供給機能の今後の活用の可能性と，事例から見えた課題等について考える。

a）虹松プロジェクトの概念と理想

今回の事例は佐賀県唐津市の虹の松原を舞台とした「虹松プロジェクト」である。このプロジェクトは2015年に開始されたプロジェクトで，虹の松原で発生する松葉を活用して商品開発・販売を行い，その利益を虹の松原での保全管理活動へ還元する循環型管理システムの構築及び地域の活性化を目指している。概念の流れは図表7-26のとおり，虹の松原での保全管理活動の松葉かきで発生した集積松葉を用いて松葉の商品化を行い，その売り上げによって保全管理活動の資金の確保をして保全管理活動の活性化と継続へ貢献する（循環型管理システム）。そして保全管理活動の継続の結果として虹の松原の白砂青松の景観保全となることで観光面においてもプラスの効果へはたらき，地域の活性化へ影響を及ぼす（地域の活性化）。

海岸林における管理サイクルについて海岸林の管理の変遷とあわせてみると図表7-27のとおり，燃料革命前の海岸林の保全管理は地域住民の参画によって行き届いた保全管理がなされ，保全管理活動によって発生した松葉は松葉燃料として使われ，地域住民にとっての海岸林の保全管理は「燃料確保場の保全管理」としての意味を持つ。その結果マツを主体とした白砂青松の海岸林景観が成立する。そしてその海岸林を維持すべくまた地域住民の参画によって保全管理が行わる…という「生業としての管理」という好循環のサイクルが成立していた。しかし燃料革命後の現在，松葉を燃料として活用することがなくなった（燃料としての資源価値がなくなった）ことで海岸林の保全管理は「燃料確保場の保全管理」としての意味をもたなくなった。その結果保全管理活動を行う管

図表7-26　循環型管理システムの構築および地域の活性化の概念図

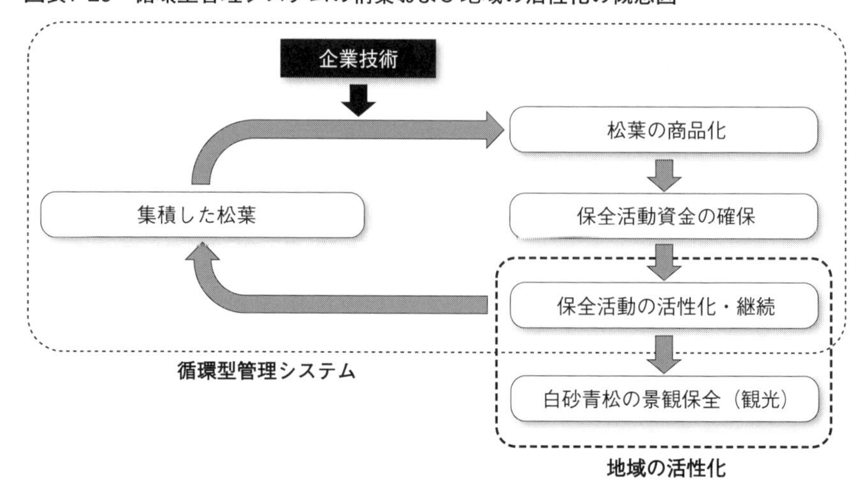

図表7-27　海岸林における管理サイクルの変遷

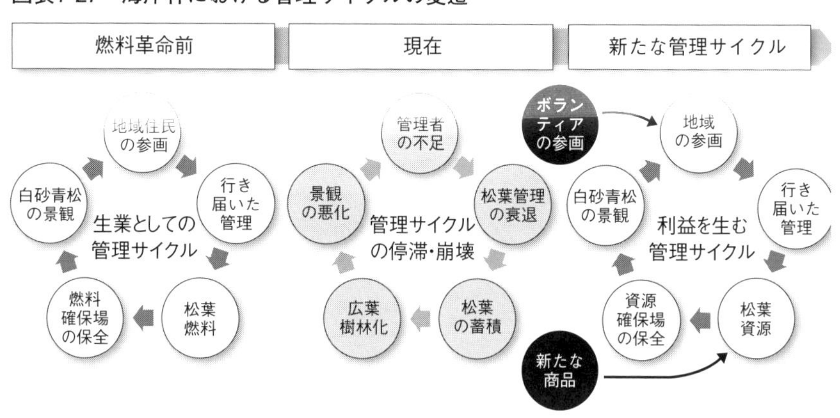

理者は減少（不足）し，松葉管理が衰退した。すると松葉かきが行われない状態のまま松葉は蓄積して土壌が富栄養化し，本来生育することができなかった広葉樹が発生して海岸林の広葉樹林化が進む。その結果広葉樹の繁茂によって従来の海岸林の白砂青松の景観の悪化が進行し，海岸林と地域住民との距離感が離れ（価値の希薄化），さらなる管理者の不足が進行する…という悪循環のサイクルが成立してしまった。そこでこのプロジェクトでは管理者の不足という

図表7-28　フェアトレード的な考え方

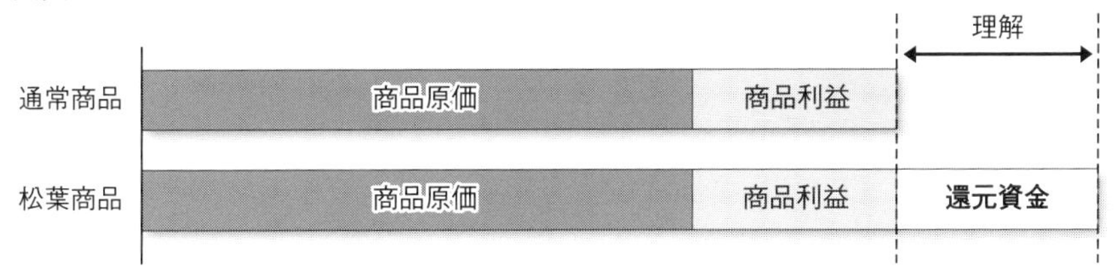

部分にボランティアの参画による「テコ入れ」のサポートを行う。しかしボランティアによる管理だけでは松原の保全管理は困難である（活動人数や活動範囲・内容に限界がある）ため，以前の「生業としての管理」での好循環のサイクルに戻すため，松葉燃料ではない新たな資源価値を取り込んだ「現代の生業」としての「利益を生む管理」による好循環のサイクルの実現を目指している。

このプロジェクトの理想は「地域主体」「フェアトレード的な考え方」「補助金制度の見直し」という３つのキーワードから成る。「地域主体」においては地域住民，NPO団体，地方自治体，地元企業等が主体となるため，企業技術を提供することで松葉を用いた商品の地域での商品化・販売を行い，その売り上げをNPO資金，保全管理活動資金へと還元する。「フェアトレード的な考え方」は松葉を活用した商品が通常商品と比べて価格が高くなる部分を還元資金としてフェアトレードの概念で消費者に理解してもらい，保全管理活動資金を確保する（図表7-28）。「補助金制度の見直し」では行政からの管理への補助金やいわゆるひも付き補助金ではない，商品流通や観光活性への補助金の活用や使途自由な資金の確保を目指す。

b）虹の松原から生まれたシャンプー「REPROTE（リプロテ）」

このプロジェクトにて商品化されたものの１つがシャンプー「REPROTE（リプロテ）」である（図表7-29）。ここでは松葉（有機物）から人工的に腐植を生成する特許技術等を企業が提供し，松葉から抽出されたフルボ酸を配合したプレミアムシャンプーを商品化した。フルボ酸は土壌中に存在する有機酸の１つで，土壌pHを安定的にすることで植物の養分供給・保持能力，生育促進能力を有する。このフルボ酸をシャンプーに配合することで，ミネラルやアミノ酸等

図表7-29　REPROTE（リプロテ）の商品紹介ホームページ

出所：http://www.reprote.jp/project/ より引用。

の頭皮や髪への取入れを促すとされている（商品ホームページより引用）。この商品ではこのフルボ酸を虹の松原で集積した松葉から抽出・取得し配合している。この商品は通信販売のほか，佐賀市内の百貨店及び唐津市内のお土産屋で販売されている。

c）佐賀県産の100%リサイクル用品「にじまつソイル」

REPROTEと同じく商品化されたのが腐植土の「にじまつソイル」である（写真7-4)。ここでも松葉（有機物）から人工的に腐植を生成する特許技術を企業が提供し，佐賀県産の素材のみで製造された腐葉土である。県内産の堆肥（バーク，木質系堆肥）や県内浄水場にて排出された下水汚泥コンポスト（肥料）に虹の松原の松葉チップ及び松葉人工腐植を配合しており，価格も市販の機能的基盤材と同程度の価格で販売している。この商品は農業関係ですでに高い評価を得ており，他にも法面緑化や火山緑化，公園緑化においても活用を模索している。

写真7-4　にじまつソイル

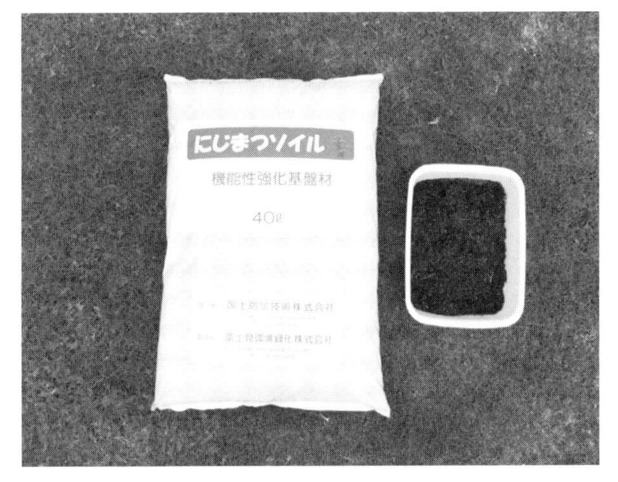

写真提供：佐藤亜貴夫氏。

d）虹松プロジェクトの成果と現実

今回のプロジェクトで開発された商品は福岡県や佐賀県のTVや地元新聞等で紹介され，シャンプーは地元スーパー等で販売され，腐植土は地元養護学校で活用され，エコプロダクツ大賞推進協議会（現在は一般社団法人産業環境管理協会が事務局）主催の「第12回エコプロダクツ大賞（eco products award 2015）」では「エコプロダクツ大賞推進協議会会長賞（優秀賞）」を，ウッドデザイン賞運営事務局主催の「ウッドデザイン賞2015」ではウッドデザイン賞2015（ソーシャルデザイン部門，技術・研究分野）を受賞している。そして売り上げの還元額は2019年までの4か年で45［万円］となり，佐賀県のふるさと納税制度（施策応援コース）を通して還元している。利益的には商品原価を除いた額の1/3を還元しており（図表7-30），広告・人件費を考えても4か年経ちようやく黒字化している。企業の社会貢献として開始したプロジェクトであり，表彰・評価がプロジェクト関係者にとってモチベーションの向上にはなっているものの，企業の本業（建設コンサルタント業）の企業利益には直接つながっていないのが現状である。先に述べた「理想」との比較をすると，「地域主体」では，当初企業が持つ人工腐植化技術を地域のNPO団体などが活用し商品開発するこ

図表7-30　商品の売上と還元資金

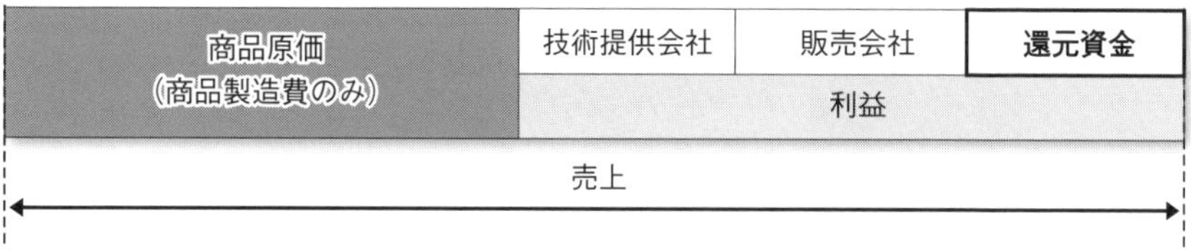

商品原価（商品製造費のみ）	技術提供会社	販売会社	還元資金
	利益		

売上

とを想定していたが，NPO団体の理念の範囲内での行動，商品開発の資金力不足，マンパワーや他団体との調整等，課題が散在しており，結果として企業自らが商品開発を行っている。「フェアトレード的な考え方」では，消費者的には意図は理解できるが保全管理活動資金の必要性や虹の松原での保全管理活動への関心の低さも見られる場合があり，同じ商品であれば安い商品を購入するという傾向がみられ，このフェアトレード的な考え方への理解にはまだ課題が多そうである。そして「補助金制度の見直し」では，行政制度の見直しはそもそもハードルが高く，特定のNPO団体への直接的な寄付は公平性の確保から困難となっている。このように理想と現実との間にはまだまだ解決・改善すべき課題が多く，さらなる調査や検討が必要である。

しかしながら海岸林の持つ資材資源供給機能は資源を用いた商品開発・販売によってこれまでの燃料資源とは異なる新たな資源価値として評価でき，今後の可能性としても明るい材料であると判断できる。他にも虹の松原を舞台とした商品開発は地元高校による活動も積極的に行われており，佐賀県立唐津南高等学校の「虹ノ松原プロジェクトチーム」では学生考案の商品として，虹の松原の松ぼっくりや砂や貝殻，造花を瓶の中に入れてアロマ香料で香り付けをしたインテリアグッズ「松ぽっぷり」（写真7-5）や，松葉パウダーを使用したかりんとう「虹松のみどり」（写真7-6）などの商品開発等も行われている。

e）虹松プロジェクトからみた企業が継続的に保全管理活動に参画してもらうための課題

最後に企業が継続的に管理に参画してもらうための課題について考察する。企業にとっての利益とはいわば「燃料」であり，この燃料をつくり出して消費することにより企業活動の継続ができる。この燃料が枯渇すると企業活動の継

写真7-5　松ぽっぷり

写真提供：岡本慶佑氏。

写真7-6　虹松の緑

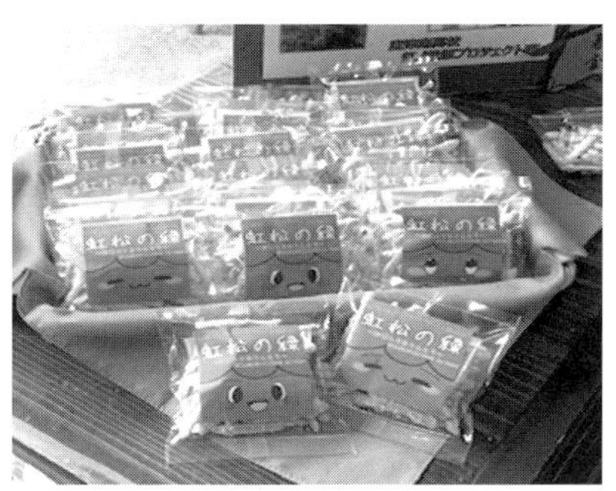

写真提供：岡本慶佑氏。

続は不能となり，すなわち保全管理活動への参画（社会貢献）も不能となる。このように企業参画は何らかの形で「利益」につながることが絶対条件であり，願わくはその企業の本業の企業利益につながるのが理想である。

そこで企業が参画するための課題として，以下の３つを挙げる。１つ目は企業側のメリットの設定である。企業の業態ごとに企業利益（メリット）は異なるが，企業がこの様な保全管理活動を継続するためには企業メリットに見合った還元があることが大事である。保全管理活動の広告宣伝効果は十分にメリットになるので，逆に企業を保全管理活動に誘致するためには企業の受けられるメリットをわかりやすく見せる見せ方（プロモーション）が重要であるといえ，大企業と中小企業との違いや顧客の違い等にも対応することも重要である。２つ目に海岸林の保全管理活動の訴求ポイントの明確化である。「なぜ海岸林の保全管理なのか」について企業メリットとの関連付けをし，森林・温暖化・防災・ビオトープ等の数ある社会貢献（CSR等）の中で海岸林を保全管理するメリットをつくることが必要である。そして３つ目は企業との連携において，保全管理活動の核となる地域団体・個人とのパイプの提供・確立である。そもそも保全管理活動が本業である企業は少なく，地域団体・個人との関係性を構築することなく企業単体で活動を継続することは困難である。そのため，地域とのパイプ（つながり）を維持し続けることが，企業の参画の継続に直結しているといっても過言ではない。

まとめ

ここでは今後の海岸林における保全管理活動において有効かつ重要である「活動するにあたって」のヒントとなる情報について紹介した。保全管理活動はやはり闇雲に実施していても，いずれ活動の意味や意義が薄れてしまい継続が困難となる。活動作業の内容だけではなく，地域の海岸林がどのような意味を持ち，期待されるかを皆で「共感」し，今後は海岸林とどのように接してどのような「距離感」を確保するかを各々の立場で考えると共に，その共通項としてのグランドデザイン的なビジョンを「共有」することが大事である。

また企業の視点での話を最後に追記しておくと，企業としての海岸林への携わり方には海岸林を通しての「社会貢献」と「地域貢献」に大別される。社会貢献は貢献の反映対象が社会一般となり，企業に付加されるイメージは環境CSRと同様のイメージが強くなる。そして地域貢献は貢献の対象がその地域となり，企業に付加されるイメージは地域活性化のイメージが強くなる。貢献の対象及び付加されるイメージに若干の差があるため，その使い分けが求められる。

［引用・参考文献］

Okada, M. (2015) The relationship Evaluation of Management Tasks and Images of Coastal Forest: The Basic Research Leading Companies to Enter Coastal Forest Management, Journal of Management Science, 6, pp.17-22.

岡田穣・佐藤亜貴夫（2015）「地域住民による海岸林の多面的機能およびイメージ評価からみた今後の海岸林保全の方向性の把握」『平成27年度日本海岸林学会金沢大会講演要旨集』pp.10-11。

岡田穣（2019）「アンケート調査から弓ヶ浜との新たな共生を考える」平成30年度弓ヶ浜・白砂青松そだて隊活動報告会。

佐藤亜貴夫（2016）「地域と企業の協働による海岸林を活用した商品開発と再生保全活動への還元―虹の松原を守る，育てる，潤すプロジェクト―」ミニシンポジウム「海岸林管理と地域・企業のかかわりの現状」（日本海岸林学会・専修大学商学研究所共同開催）。

佐藤亜貴夫（2018）「地域と企業の協働による海岸防災林保全活動の事例」『フォレストコンサル』No.153, pp.23-28。

REPROTE／虹の松原 守る・育てる・潤すプロジェクト ホームページ：

http://www.reprote.jp/project/（2020.01.29閲覧）
一般社団法人産業環境管理協会ホームページ「第12回エコプロダクツ大賞の結果について」:
http://www.jemai.or.jp/ris/award-results2015.html（2020.01.29閲覧）
ウッドデザイン賞運営事務局ホームページ「ウッドデザイン賞2015審査結果」:
https://www.wooddesign.jp/2015/result/list.html（2020.01.29閲覧）

第8章 海岸林の保全管理システムの提案

今後の海岸林保全管理に向けての検討についてこれまでも多くの研究が行われており，特に2011年の東日本大震災を機に多くの検討・提案がされているが，それらの多くは「技術的な部分」での検討が多く，いわゆる「仕組み」部分についての検討・提案についてはあまり行われていないのが現状である。海岸林の保全管理活動のしくみを検討するにあたり，もっとも参考となるモデルとして中島ら（2011）が提唱した「多様な主体の協働の概念図」がある（図表

図表8-1　多様な主体の協働の概念図（中島ら 2011）

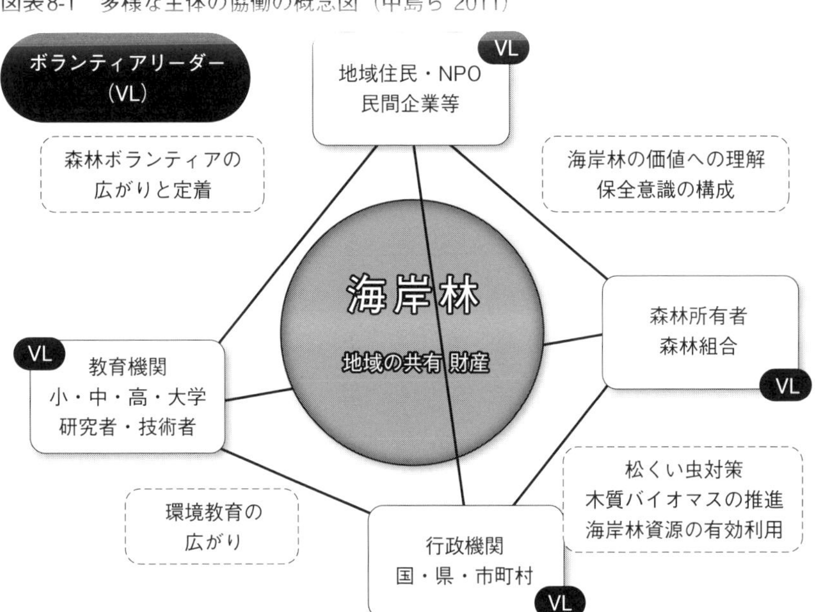

8-1)。

これは海岸林は地域の共有財産（地域の宝）であるという共通認識を持ち，海岸林の歴史や価値を再認識することからスタートし，海岸林に関係する主体を４つ（森林所有者・森林組合，行政機関，教育機関・研究者・技術者，地域住民・NPO・民間企業等）に大きく分けている。各主体はそれぞれが有機的につながり，それぞれの立場でできることに取り組むこととしているが，この概念の一番の「肝」は，関係者が「平等な立場で一堂に会し」定期的な情報交換や意見交換を通じてつながりあうことが大事であるという部分である。

ここでは議論の舞台の中心に「海岸林」ではなく「地域」を据え，地域における各組織，特に地域住民，NPO，企業，そして海岸林との関係性の確認と提案をし，海岸林保全管理における共同管理体制モデルの提案をする。

1「づくり」の視点からみた地域と海岸林との関係

地域における各組織と海岸林との関係性について，ここでは各々の成長というプラス効果に着目し，全体としての「地域づくり」につながるものとして整理した。その結果，海岸林は「森づくり」，地域住民は「人づくり」，企業は「企業づくり」という柱が立つ。「森づくり」と「人づくり」においては，地域住民から海岸林へは労力支援と金銭支援が，海岸林から地域住民へは地域教育，森林環境教育，情操教育，コミュニケーション形成が提供される。企業から海岸林へは労力支援と金銭支援が，海岸林から企業へはコミュニケーション形成，社会的利益，経済的利益が提供される。そしてこれらの提供を円滑に成立させるべくコーディネートするのがNPOであり，非常に重要な役割を持つ。このNPOに対して地域住民や企業が金銭支援，役務支援をすることにより，全体の流れが活性化し，ひいては海岸林を含む地域づくりの活性化へとつながっていくと考えられる（図表8-2)。

図表8-2 「づくり」の視点からみた地域と海岸林の関係

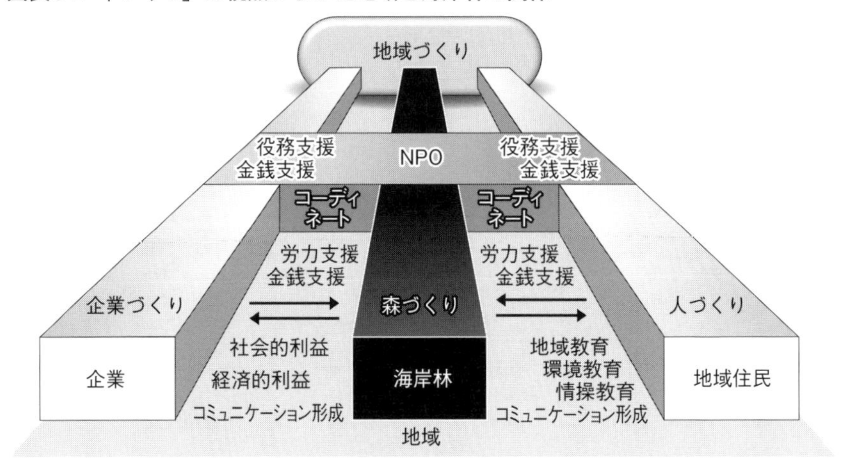

2 新たなシステムづくりでの各ステークホルダーの関わり方

a）海岸林保全管理における共同管理体制のステークホルダー

海岸林保全管理における詳細な流れの仕組みについて，行政を含めての共同管理体制のモデルを作成した（図表8-3）。なお，この概念図では海岸林を保全管理の対象として位置づけ，海岸林から得られる恩恵については省略する。全体の概要について，まず「地域」という土台の中には保全管理対象である海岸林のほかに，企業，地域住民，行政という柱が，「地域の外」には地域外のファン，学会・研究機関という柱が存在する。土台には「海岸林の保全がなぜ必要であるか」「海岸林がどういう歴史をたどってきたか」といった物語（歴史や文化）の共有・共感が必要である。それらを共有・共感したところでそれぞれの柱間にステークホルダーとしての関係性が成立し，相互に作用することによって海岸林の保全に向けたシステムが成立する。そしてNPOは主にそれぞれの関係が円滑に成立するための「橋渡し役（コーディネーター）」としての役割が期待される。

図表8-3　海岸林保全管理における共同管理体制のステークホルダー相関図

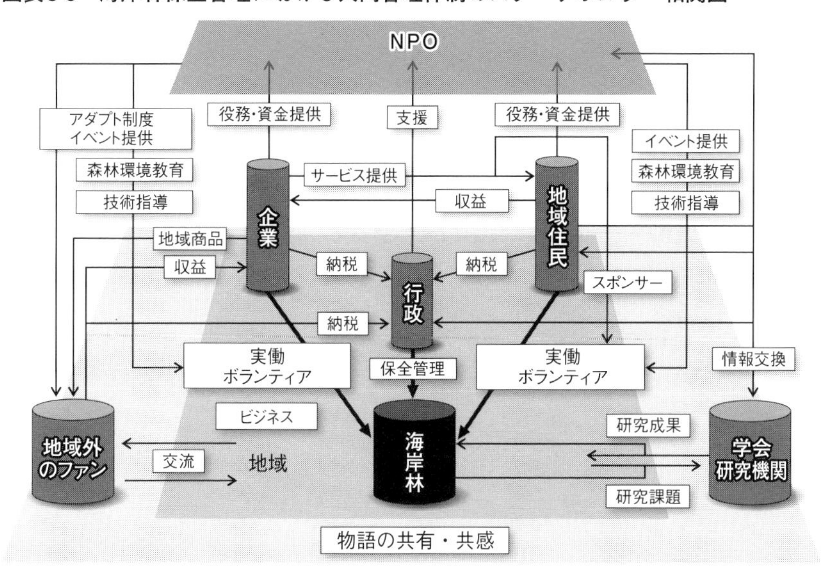

b）各ステークホルダーの関わり方と現状の問題点及び解決に向けた検討

各柱におけるステークホルダーの相関をみるため，各柱及びコーディネーターごとにみた関係性を以下に記す。

(1) 企業

企業は海岸林への直接的な働きかけとして実働ボランティアを提供し，行政への納税，地域住民へのサービスの提供，地域外のファンへの地域商品の提供，NPOへ役務・資金提供のほか，地域住民の海岸林への実働ボランティアに対してスポンサー提供などを行う。そして地域住民及び地域外のファンから商品やサービスの収益，海岸林への実働ボランティアに対するNPOからのアダプト制度やイベント型保全管理管理の提供，森林環境教育，技術指導を恩恵として受ける（図表8-4）。具体的には，地域内では企業から海岸林やNPOに対して直接的な提供のほかに行政へのふるさと納税（利用目的が明確化している納税）を通しての支援も行われ，地産地工商品（地域商品）による売り上げのふるさと

図表8-4　ステークホルダー相関図（企業）

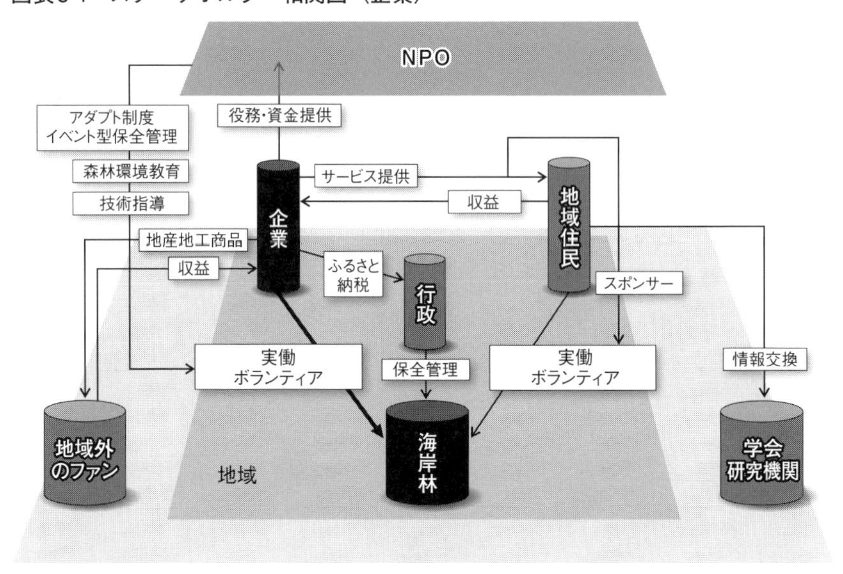

納税による間接的な支援が該当する。これに海岸林からの経済的利益の提供が追加されると，企業側にとってのメリットが大きくなると考えられる。そして地域住民に対しては，商品の提供のほかにも地域住民の実働ボランティアへスポンサーとしての支援の提供が期待できる。この支援は寄付とは違い，企業からの支出形態で宣伝費としての資金捻出が可能となる。

(2) 地域住民

地域住民は海岸林への直接的な働きかけとして実働ボランティア，行政への納税，企業への収益の提供，NPOへ役務・資金提供などを行う。そして企業からサービスの提供，海岸林への実働ボランティアに対するNPOからのアダプト制度やイベント型保全管理の提供，森林環境教育，技術指導，企業からのスポンサーなどを恩恵として受ける（図表8-5）。

(3) 行政

行政は海岸林への直接的な働きかけとして保全管理，NPOへ支援を行う。そ

図表 8-5　ステークホルダー相関図（地域住民）

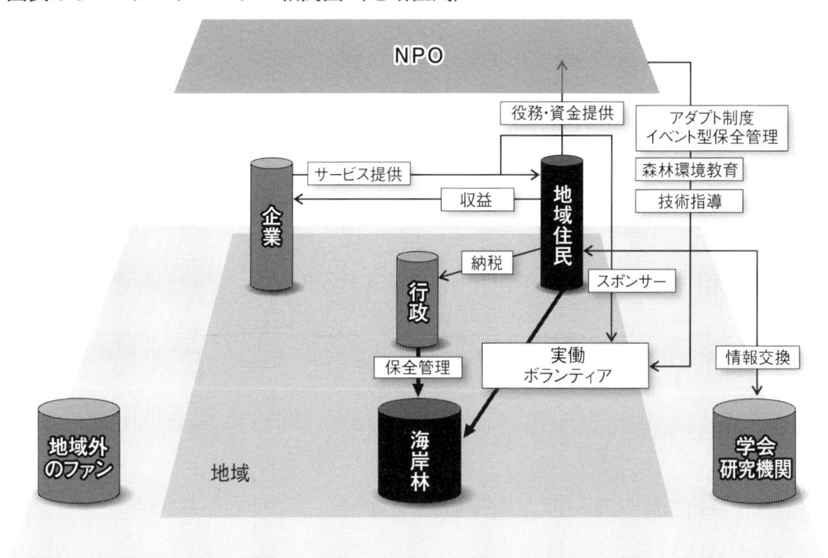

して，企業や地域住民，地域外のファンからの納税（ふるさと納税を含む）などを受ける。つまり，行政は企業や地域住民，地域外のファンから受けた納税を海岸林の保全管理やNPOへの支援に反映させる立場にある。他にも地域外の国といった行政機関との連絡や手続きといった役割も担っている（図表8-6）。

(4) NPO

NPOはコーディネーターという立場上から他のステークホルダーとの関わりが最も多く，企業や地域住民からの役務・資金の提供及び行政からの支援を受けることにより，企業や地域住民の実働ボランティアに対して森林環境教育，技術指導を提供するほか，地域外のファンへも含めてイベントの提供を行う（図表8-7）。具体的にはNPOからは地域住民や企業に対して森林環境教育や技術指導，イベント（イベント型保全管理やアダプト制度）などを実働ボランティアに提供し，海岸林との距離感の短縮の支援をする。特に技術指導は基本的な活動スキルしか持たない地域住民や企業にとっては大きな役割であると考えられる。

図表8-6　ステークホルダー相関図（行政）

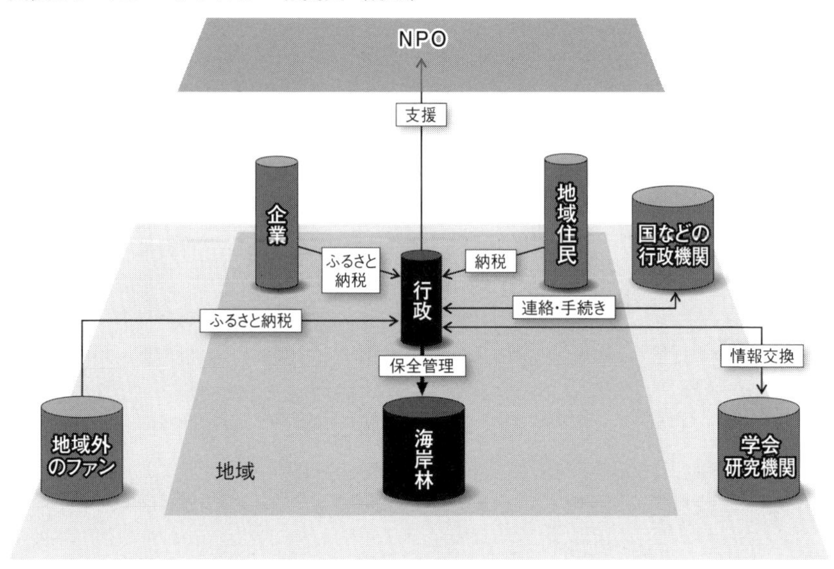

図表8-7　ステークホルダー相関図（NPO）

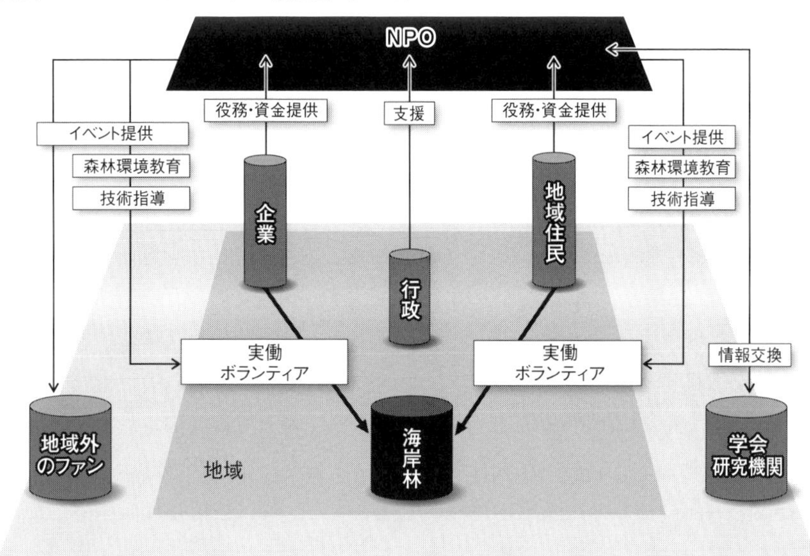

図表8-8　ステークホルダー相関図（地域外のファン，学会・研究機関）

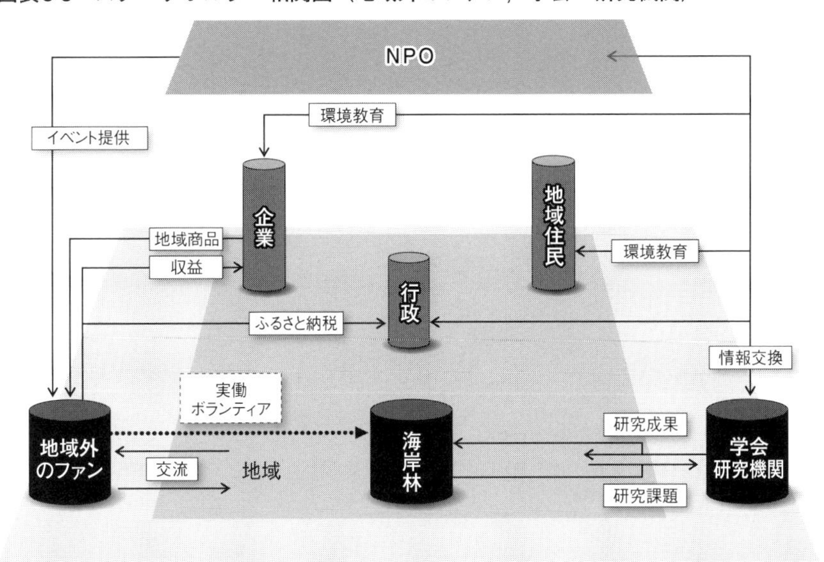

(5) 地域外のファン

地域外のファンはNPOから保全管理活動への参加機会が提供されることにより，地域外のファンと地域との交流が生まれることで，海岸林についての物語の共有・共感をした結果，行政への納税（ふるさと納税など）のほか，企業から提供される地域商品を購入してその収益を企業に還元し，場合によっては海岸林の保全管理活動に直接参加することも期待できる（図表8-8）。

(6) 学会・研究機関

学会・研究機関は企業，地域住民，行政，NPOとの間で情報交換を行い，地域及び海岸林自体から研究課題を受ける。その結果，必要となる情報や研究成果・技術を提供する（図表8-8）。

(7) 問題点及び課題点

実際の問題・課題としては，

① 燃料革命以前とは異なる距離感となってしまった地域と海岸林との接点・

図表8-9　ステークホルダー相関図（問題点および課題点）

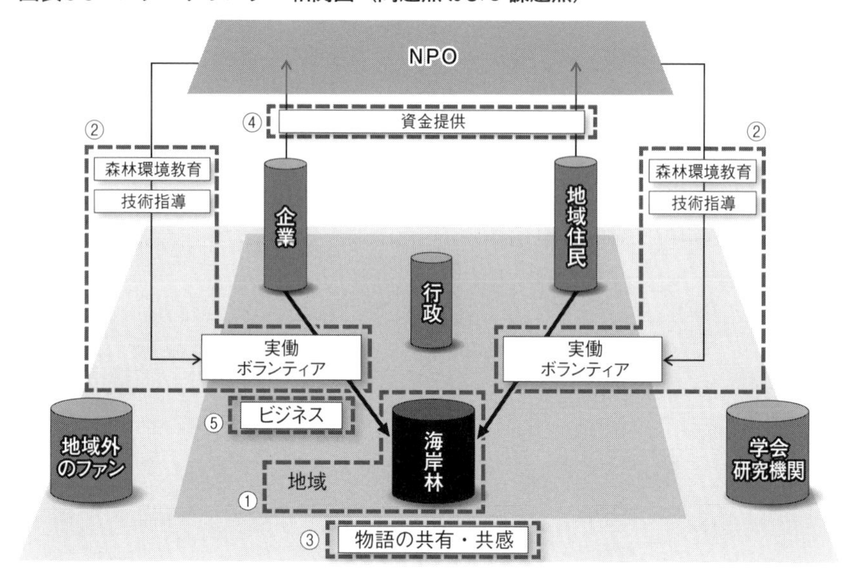

関係の希薄化

②「なぜ保全管理活動が必要なのか」「管理手法の専門知識を持つ者が少ない」といった実働ボランティアに対する森林環境教育や技術指導の弱さ

③「保全の対象となる海岸林への思い入れがなければ主体的に労苦を払う動機とはならない」といった物語の共有・共感の弱さ

④ 実務スタッフの不足や中心メンバーの高齢化による世代交代が困難といったNPOの脆弱な財政基盤と事務局体制の問題

⑤ 企業の本業での収益増につながるビジネスの発掘

が挙げられる（図表8-9）。①の地域と海岸林との接点・関係の希薄化については「海岸林は利用するための森林である」という認識や価値を知り誇りに思うことからスタートし，②の実働ボランティアに対する森林環境教育や技術指導の弱さに対しては地域住民や企業に対しての森林環境教育や技術指導による活動者のモチベーション維持や向上，③の物語の共有・共感の弱さに対しては海岸林への思い入れを促す情報提供や動機づけといった現代の文脈の中で価値創造していく支援，④の脆弱な財政基盤と事務局体制の問題に対してはNPOといったコーディネーターに資金提供しやすいシステムづくり，⑤の企業の本業での収益増につながるビジネスの発掘では企業による保全管理活動が長く継続するために本業での収益増につながるビジネスの創出が必要であると考えられる。

3 各ステークホルダーに関連づけた新たな海岸林の保全管理システムの検討

ここで，新しい海岸林の保全管理システムの実現に向けて，ビジネスエコシステム（ビジネス生態系）の構築によって海岸林保全を継続的な活動として確立する方法を検討するとともに，その際に活用できるマネジメントシステムを提案する。本書のように，「地域」という場でのステークホルダーを考える場合，地域課題の解決を図り，地域の活性化させるときに配慮すべきこととして，経験的に以下の３つのポイントがあると考えられる。

① 価値（富）の循環プロセスの確保

② 多様性の受容

③ 手段の目的化の回避

第１の価値（富）の循環プロセスの確保は，保全活動を途切れさせないために必要である。資金的にも自立した海岸林の保全管理システムの実現にとって，価値の循環プロセス，すなわち投下資金を可能な限り効率的に回収するシステム作りが重要である。このような価値の循環プロセスが複数のステークホルダーによって成立しているものをビジネスエコシステムと呼ぶ。ただし，価値（富）が特定のステークホルダーに集中しないように注意すべきである。

第２の多様性の受容は，さまざまなステークホルダーが参画するうえで，相互にコミュニケーションする際に重要な要素となる。同一のステークホルダーのなかでも多様な価値観があることが望ましく，どの価値観が良くてどれが悪いというものではない。ましてや，ステークホルダーが異なれば，価値観も違ってあたり前である。地域活性化では，いわゆるソトモノがカギを握るといわれる。多様性を確保することによって，思考が硬直化せずにすみ，さまざまな角度からの意見を取り込める。ただし，参加者の総意をとるような合議的な意思決定に陥ると，往々にして参加者の士気が下がることもあるので，注意を要する。

第３の手段の目的化の回避は，海岸林保全管理を継続的に進めていけるようマネジメントする際に注意すべきことである。海岸林の保全管理だけでなく，地域振興や地域活性化といった活動では，ステークホルダーの士気の大きさに依存するところが大きい。それだけに，熱狂の領域にまで達すると，「何を目的・目標として活動しているのか」を見失いやすいところがある。長期的にさまざまなステークホルダーの利害を調整し，ビジネスエコシステムとして自立した海岸林の保全活動を行っていくように発展させるには，目標を適切にプランニングし，その目標を達成するために必要な活動を特定し，優先順位をつけ，体系的にマネジメントする仕組みが必要になってくる。

a）保全活動を途切れさせないためのシステム確立

海岸林保全にはとにもかくにも継続させていくことが最大の課題であろう。ただし，継続を続けていくために不可欠なのが，各ステークホルダーに有形・無形のメリットが存在することである。有形のメリットとは外発的なインセンティブであり，経済的な利益や名声といったものが該当する。無形のメリットとは，活動することそのものに起因する内発的な充足感や自己効力感などが該当する。

他方，営利企業やNPOにとっては，海岸林保全を継続的に実施するためには経済的な利益の獲得とステークホルダーへの再分配がどうしても必要である。これが途切れることになれば，どんなに意気込みがあっても活動そのものが続かない。非営利であるNPOであっても，「プロデューサー的役割」を持つ人が専任で従事することになる以上，少なくともその人への給料分の経済的な利益が活動の前提となるのは当たり前で，本来であれば積極的な経済活動として海岸林の保全活動から利益を得られる仕組みづくりが必要となる。内発的な充足感といった自己効力感も大事ではあるが，それだけではいけない。

したがって，海岸林の保全活動システムのなかに，経済活動として資本の循環，ひいては拡大再生産のサイクルを確立することにも一考の余地がある（図表8-10）。現在の日本の財政状況や経済情勢は右肩上がりの時代とは大きく異なるため，海岸林保全の資金を調達することにおいても既成の考え方に縛られず，多様な観点から検討することにも一定の価値を見いだせることだろう。

図表8-10　資本の拡大再生産

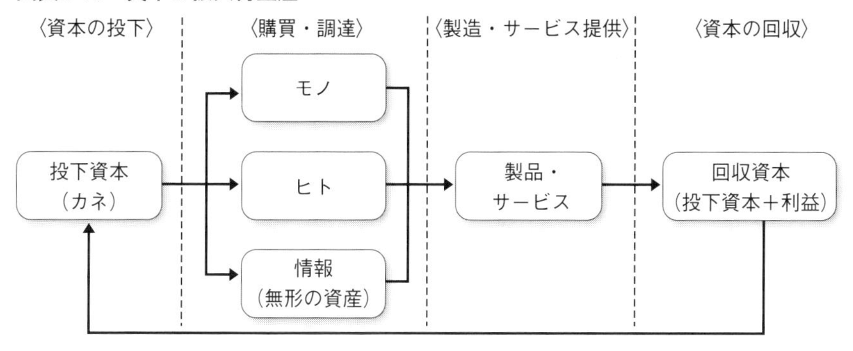

本節では最終的に，海岸林保全に関わる広域連携を前提としたビジネスエコシステム構築のモデルを提案したい。結論から言うと，ビジネスエコシステム構築のカギは，ステークホルダーの広域連携であると考えられる。その論点として，(1) 物語の共有・共感の活用による地域外のファンの獲得，(2) ビジネスとしてのマネジメントの確立，(3) 経済活動としての広域連携について検討する

b）リベラルアーツ的な多様な考え方の必要性

海岸林の保全管理システムを構成するステークホルダーには，多様性（ダイバーシティ）が確保されていなければならない。参加者が気をつけるべきことは，「解決策は１つではない」ことを忘れないことである。そこで１つの重要なポイントは，海岸林保全管理において，リベラルアーツ的な広い視野を持つ複数の人材たちで相互補完することである。

リベラルアーツとは，総合的な教養であるともいえる。簡単に言えば，人文学，社会科学，自然科学を網羅する広い教養のことである。実際に，海岸林の保全管理には自然科学，いわゆる農学系の学問領域の専門家たち（学会，研究機関）が「ご意見番」として参与することも多いだろう。しかしながら，本書のように社会科学をベースとした専門家・研究者が海岸林の保全管理について意見を提示することも必要であるし，人文学的な側面での検討も必要である。多様性を意識的に取り入れなければ，専門家たちの手によって偏った解決策に

終始しやすいことに注意が必要となる。

ただし，専門家たちは，それぞれ異なる知識体系を持つがゆえに，相互のコミュニケーションは比較的難しいものとなる。それだけに，専門家たちが意識的に他分野の知恵や知識に触れ，それぞれが思考するポイントや癖，専門用語や言葉遣いなどに慣れる必要がある。海岸林の保全管理システムの確立のカギの１つは，参画する人材たちのコミュニケーション能力だと言ってもよい。

本書は基本的なスタンスとして，社会科学，とりわけ商学や経営学といったジャンルの知恵を活用することになるが，扱っている問題は決して社会科学の知恵や知識だけで解決できるものではない。ここで提示された，新しい海岸林の保全管理システムには，人文学，社会科学，自然科学を網羅した広い知恵や知識を活用する必要がある。しかし，あくまでそれらの専門家は決して主役などではなく，海岸林の保全に当たる人々や企業が主役であることは決して忘れてはいけない。

c）海岸林保全プロデューサー

ここで，海岸林の保全活動システムにおけるステークホルダーのなかで，とりわけ重要なカギを握る人材を「海岸林保全プロデューサー」と名付けよう。海岸林保全プロデューサーの多くはNPOで専業として従事する人材ではあろうが，企業関係者や学校の生徒であってもかまわない。その海岸林保全プロデューサーに必要な力は，以下の３点に集約できよう[1)]。

① ネットワーク力：優れた人脈を活用し，適材適所に人材を配置し，各種の役割を組織的に形成する力

② アイディア創造力：保全管理のアイディアを創出し，モノやコンテンツを制作・実装し，そのための資金を調達できる力

③ ビジネス創造力：保全活動のためにビジネスを創造する力

以上のことを，単独の人材で担う必要はなく，複数の人材や企業などの組織で実現できればよい。しかし，実現するには，それぞれのとりまとめがどうしても必要であるため，とりわけNPOに全体を見渡せるセンスのある人材が必要になるだろう。

第１に，まず基本となるのがネットワーク力である。さまざまな人々や組織

といったステークホルダーがいるので，人々や組織をつなぐネットワーキングは適切に行われなければ活動は継続しづらい。そのネットワーキングにおいてリーダーシップをとりやすいのがNPOであると考えられる。

例えば，唐津市のNPO法人KANNEは，保全エリアを企業等に割当て管理してもらうというアダプト制度の実施において中心的な役割を担っている。とりわけ，虹の松原の事例では，KANNEの藤田氏の存在は大きかった。

第２に，アイディア創造力は活動を具体化するのに必要となる。口だけに止まらず，ものごとを実現するには行動力が必要であるし，資金的な裏付けも必要となる。

第３に，ビジネス創造力は，保全活動を継続的にしていくのに必要である。保全活動を続けていくのには，理想的には，雇用を生み出すくらいまでのビジネスを創造でき，継続的に収入源を確保できることが望ましい。そこまでできないとしても，保全活動のコストの一部は回収できなければ，どこかで活動がストップしてしまう危険性が高い。

d）ビジネスエコシステムの構築へ向けて

海岸林保全プロデューサーの定義をしたものの，多くの人々にはビジネス創造力なんて必要なのかという疑問があるかもしれない。しかし，現実的に海岸林保全管理システムの確立には，どうしてもビジネスエコシステム（ビジネス生態系）の構築が不可欠となる壁がある。

また，例えば，NPOに対する一般的なイメージは「非営利」である。しかし，この「非営利」の本当の意味は，カネのことは考えないとか，採算度外視ではない。むしろ，一般的なイメージとは異なり，「金儲けしない限りは続けられないので積極的に金儲けするくらいがちょうど良い」という事実を知るべきである。

NPOだけでなく，海岸林の保全活動に関わるステークホルダーたちの収入源は一体どのようなものであるだろうか。ここで，もし補助金や助成金と答えてしまったら，それは誤った認識である。

もちろん，行政による有形・無形の支援は，現在でもなお海岸林の保全活動を支える重要な要因であることには間違いない。しかし，現状の日本において高度成長期のような公的支援を期待することはできない。行政からの公的支援，すなわち補助金や助成金は，企業で言えば，「資本金」であって，「収益」ではない。補助金や助成金はあくまで活動を軌道に乗せるための投資であるため，これらに依存するべきではない。

そうすると，海岸林保全管理におけるステークホルダーの相互関係の全体像として，ビジネスエコシステムの確立がなければ，早晩資金繰りが破綻し，保全活動を継続することができなくなる。行政からの資金が足りないのは，必ずしも行政のせいでも，政治のせいでもない。行政からの資金提供だけでまかなえるほうが，ありえない状態だと考えるべきである。

他方で，政治・行政以外のステークホルダーによる経済活動により価値（富）を創造し，海岸保全活動の資金に充填するというビジネスエコシステム構築にとって最も大きな課題は，経済規模の小さい地域経済のみの資金循環で保全活動を継続的に行える見込みが立たないことである。例えば，松原のような海岸林であれば，副産物として大量の松葉が生じる。この松葉という副産物を燃料として再加工して，製品として販売することを，特定の地域のNPOや企業だけで担おうとしてもスケールメリット（規模の経済）[2)]を得ることができないため，採算性を確保するのは難しい（もちろん，この松葉の所有権はどこに帰属するかという課題もあるが）。

現実的に，保全活動に関連したビジネスのほとんどは，広域での活動をしないかぎり，業務上のスケールメリットも得られず，一定量の顧客からの収益を得るマーケットも確保できないため，設備投資の回収は望めない。逆に，経済活動として，地域ごとのNPOや企業が広域で連携した経済活動に参加できる枠組みを運用できれば，ビジネスエコシステム構築の突破口になる。そうすることで，各地域のNPO等が負担する投資額も軽減でき，参加・協力する企業はより広いマーケットのなかで自社の本業への還元もさせやすくなる。

e)「物語の共有・共感」の優位性

海岸林保全管理に関わるステークホルダー全体を増やすということは，越えるべき大きなハードルである。とりわけ，保全活動の担い手の確保が大きな課題であろう。地元ですら潜在的なステークホルダーとして存在するばかりで，実際に保全活動に参加してくれる企業や地域住民を掘り起こすことは難しい場合も多い。

例えば，地震による津波が発生する可能性が高い市町村ですら，沿岸部と山間部では海岸林に対する意識が異なる。ましてや，平成の大合併のタイミングで沿岸部，内陸部，山間部の市町村が大規模に合併した場合は，なおさら地域ごとの温度差が激しい。筆者も，静岡県内の某市において，内陸部の市民より「海岸林の整備って私たちにとってはムダな支出ですよね」という声を聞いたときには驚いたものである。

海岸林の保全活動の担い手として，学校の児童や生徒をはじめとした地域住民，企業の従業員が挙げられる。しかし，企業の従業員が経営者からの要請で保全活動へ協力するとなっても，保全の対象となる海岸林への思い入れがなければ，主体的に労苦を払う動機とはならない。もちろん，学校の児童や生徒にとっても同様である。動機がなければ長く続けることができず，いずれは海岸林の保全が停滞し，荒れ果てることとなってしまうだろう。

それでは，保全活動への動機づけが強い地域にはどのような特徴があるかと言うと，共有・共感しやすい物語（歴史・文化）の存在がある。このような物語の共有・共感が地元に根ざしていることが，地域住民や地元企業の意識向上の土台となる。物語の共有・共感が土台となり，地域住民や地元企業の一体感を生む。さらには，その物語の共有・共感を起点に地域外のファンの心をつかむことも可能である。

例えば，唐津市の虹の松原では，何世代も経て歴史的財産となっている物語がある。それが「寺沢志摩守の七本の松」の物語である。それは，寺沢志摩守がお気に入りの松が七本あり，それがどれかを特定せず，もしそれを伐ったら死罪にするというお触れを出したという物語である。この物語では，松を伐ってしまった者がいた際に「それは七本の松ではない」と罪を問うことなく許したところ，地域住民はその温情に感銘を受け，いっそう松原の保全に勤しんだという。

この物語はもちろん伝説ではあるのだが，学校の遠足や歴史学習のなかで唐津市民が地元の誇りとして虹の松原を捉える土台の一角を担う重要な物語といえる。それこそ老若男女が共通して知る共感できる物語である。そのおかげで，唐津市の虹の松原に関わる地域住民や企業の従業員は，虹の松原に関わる「物語の共有・共感」をベースとして，誇りを持ちながら海岸林保全活動に関わることができる。「寺沢志摩守の七本の松の伝説」は，紆余曲折を経ながらも地域で語りつがれ，子供の頃から遠足などで虹の松原に出向くことで実感したり，共感できている。それらの物語が共有・共感できていることが，虹の松原の保全活動への動機づけとなっている。

また，現在の「つながり・共感の社会」では，このような物語はうまく派生させ，地域外のファンを生み出すこともできることに着目すべきであろう。虹の松原については，アニメファンの聖地巡礼（作品に登場したシーンを観光すること）などによって，地域外からの観光客を集めている。例えば，アニメ「おそ松さん」とのコラボキャンペーンはまさしく地域外からの観光客を呼び込むことができ，その観光客が虹の松原の物語に共感できる重大なチャンスを創出できた。

ここから学べることと言えば，地域に残る歴史や伝説というのは地域住民や地元企業の「目に見えない継承財産（ヘリテージ）」として地域の一体感を醸成する無形の資産となりうることである。さらに，そればかりでなく，やり方次第で地域外のファンも惹きつける要素にもなる可能性がある。

f）目標・活動への落とし込み

海岸林保全プロデューサーたちは，それぞれきちんと明確なビジョンがあることが多い。ただ，きちんとしたビジョンがあっても，うまく活動に落とし込めなければ意味がない。同様に，活動はあっても，その活動が目的化してしまっては元も子もない。海岸林の保全管理システムをうまく機能させるためには，ビジョンを確実に目標や活動へ落とし込むための，組織だったマネジメントが必要となる。

図表8-11は，組織のミッションから，目標・活動へ落とし込むべきことを特定するときの思考プロセスである。ここを疎かにすると活動の優先順位も曖昧になるし，最悪の事態として活動の遂行そのものが目的化してしまうこともある。ここで重要なのは，ビジョンに沿った目標と活動を適切に関連付け，ビジョンに従って優先順位づけることである。

第1に，多様なステークホルダーが関わる中で，まず「どうありたいか」と

図表8-11　ビジョンからの目標・活動への落とし込み

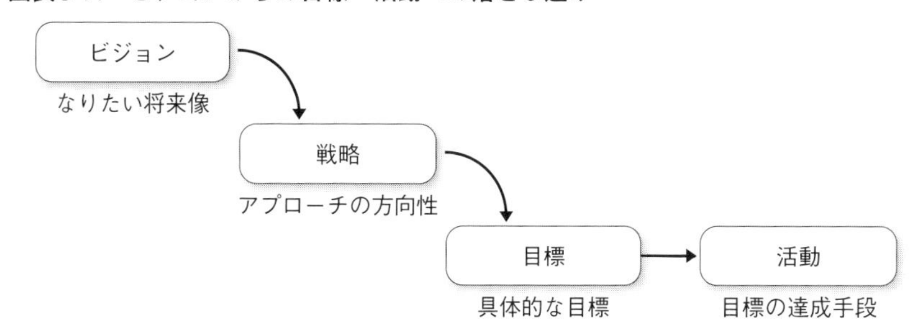

いう将来像をビジョンとして共有するところからはじめることが望ましい。どうありたいか，どうしたいかといったことをキーワードとして，共通する価値観として掲げられるようにする。唐津市の虹の松原の事例で言えば，NPO法人KANNEが中心となって掲げている標語は，「白砂青松の虹の松原」である。これはとても明快でわかりやすい。

第2に，共有されたビジョンを実現するための戦略を考える。戦略という用語自体はものものしいが，どのようにビジョンに近づいていくかという方向性という程度の意味合いである。現実的には，ビジョンを実現するために必要な複数の戦略テーマという形で定義できればよい。例えば，「継続的な保全活動の確立」，「地域連携の強化」，「新商品・サービスの事業化」，「地域ブランドの確立」などが，それぞれの地域で重点的に短期・中期・長期で実現していきたいテーマとなる。

第3に，それぞれの戦略テーマを実現することにあたっての目標と，それを達成するための活動を特定する。ここで重要なのは，戦略テーマの実現にあたり，「あるべき姿」と「現状の姿」とのギャップ分析をしておくことである。そのギャップを埋めるために必要なことが，設定すべき目標となる。また，その目標を達成するためにやらなければいけない活動を設定する。もちろん，理想的には全ての活動を十分に行えればよいのだが，人員的にも資金的にもすべてをすぐに行うことはできない。だから，短期・中期・長期という視点から，戦略テーマごとに優先順位をつけて，重点志向で着実に進めていく必要がある。

現実の海岸林保全プロデューサーたちは，これらのマネジメントを経験や勘でやりきってしまうところがあるが，それでは属人的な能力だけに止まり，組

図表8-12　価値創造マップと活動シート

①価値創造マップ

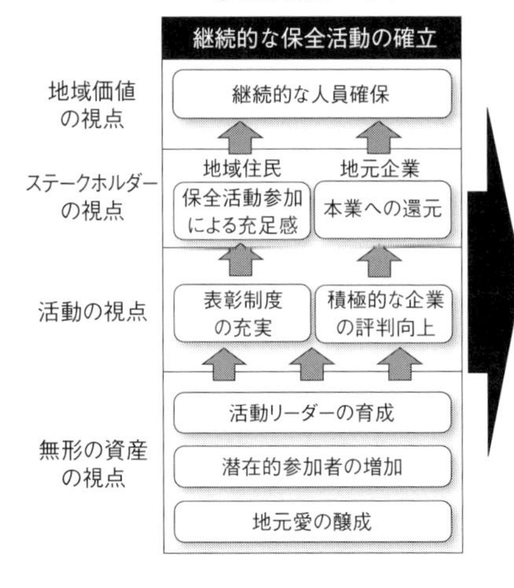

②活動シート

目標	評価指標	方策
1.継続的な人員確保	4半期ごとの平均参加者数	
2.保全活動参加による充足感 3.本業への還元	参加者満足度 企業満足度	
4.表彰制度の充実 5.積極的な企業の評判向上	表彰費用の予算額 表彰企業の件数	寄付金の増強 企業への説明・交渉
6.活動リーダーの育成 7.潜在的参加者の増加 8.地元愛の醸成	リーダー研修回数 「参加したい」と回答する人の割合 市内小学校の遠足での利用回数	リーダー研修 市民への広報活動

織的に継承できない。そこで遅かれ早かれ，組織としてマネジメントする仕組みが必要となる。ここで，NPOなどの組織に属する海岸林保全プロデューサーが，さまざまなステークホルダーの利害を調整し，それぞれに価値を創造するようマネジメントする技法として提案したいのが，価値創造マップと活動シートの活用である。

価値創造マップと活動シートは，バランスト・スコアカード（Kaplan and Norton 2004）における戦略マップとスコアカードを応用したものである[3)]。その一例を図表8-12で示す。これら2つのツールを用いて，いわゆるPDCA（Plan-Do-Check-Act）サイクルを回していくことが有益なマネジメントとなる。価値創造マップは戦略や設定した目標の意義や妥当性について問いただし，必要あれば改訂するといった戦略レベルのPDCAサイクルを回すために用いる。他方，活動シートは目標を達成するために有益な活動が行えているかについて活動レベルのPDCAサイクルを回すために用いる。

①価値創造マップ

価値創造マップとは，戦略テーマごとに，いずれかのステークホルダーにとっての価値が創造されるプロセス（過程）をストーリーとして「見える化」させるものである。価値創造のストーリーは，目標の因果関係の連鎖として表現する。戦略テーマごとに価値創造ストーリーを設定するので，海岸林の保全に関わる活動が広がりを持って展開していくほど，戦略テーマも増え，価値創造マップも増えていくだろう。

図表8-12で例示しているのは，「継続的な保全活動の確立」という戦略テーマである。地域価値の視点における「継続的な人員確保」という目標は，このテーマにおける最終的に地域にとって得られる価値もしくは成果である。ここでの地域価値とは，当該地域全体として海岸林保全活動から得られる価値もしくは成果である。

ステークホルダーの視点における「保全活動参加による充足感」「本業への還元」とは，地域全体の価値の創造において，ステークホルダーが得られる価値や参画するメリットを定義している。地域住民にとっては「保全活動参加による充足感」が得られる価値であり，地元企業にとっては「本業への還元」が得られる価値である。これは，それぞれのステークホルダーが得られる価値を提供できないようでは，継続的な人員確保はできない。だからこそ，それぞれのステークホルダーにとっての価値が創造される条件を明確にし，それらの価値を地域全体の価値と擦り合わせる必要がある。

活動の視点における「表彰制度の充実」，「積極的な企業の評判向上」は，ステークホルダーにとっての価値が生まれるのに必要な活動や配慮を定義している。これは，地域住民に対して「保全活動参加による充足感」という価値を提供する上で，具体的にカギとなる活動として「表彰制度の充実」を図っておかねばならないことを意味する。生徒や学生にとっては，ボランティア活動での活躍を表彰されれば励みになるし，進学において有利な材料にもなるだろう。

無形の資産の視点における「活動リーダーの育成」「潜在的参加者の育成」「地元愛の醸成」とは，価値創造においてもっとも根源的な基盤となるものを定義している。地域にとっての価値創造の源泉となるのは，有形の資産ばかりでなく，究極的には人材の力量や士気，組織や地域の文化・風土，そして歴史や伝説などの物語といった無形の資産である。そういった基盤があってはじめて，価値創造においてカギとなる活動を実現できる。

以上のように，４つの視点ごとに価値創造における目標を設定し，それぞれの因果関係の連鎖を定義することによって，地域にとっての価値創造のストーリーを見える化できる。もちろん，これらは一度設定されたら固定というわけではなく，PDCAサイクルのなかで見直しが検討されるべきである。

②活動シート

他方，活動シートとは，設定された目標がどの程度達成できているかをモニタリングし，目標達成をするための方策を設定し，予算を管理するためのツールである。目標を設定しただけではマネジメントできたとはいえない。3か月に一回ほどの頻度で定期的に，海岸林保全プロデューサーたちが中心となって，レビューしていくとよい。

図表8-12で示しているのは，「継続的な保全活動の確立」という戦略テーマに対して作成された価値創造マップに対応した活動シートである。例えば，無形の資産の視点における「潜在的参加者の増加」という目標が達成されているかを測定する評価指標として，「『参加したい』と回答する人の割合」が設定されている。また，「潜在的参加者の増加」という目標を達成するための方策として，「市民への広報活動」が設定されている。ここでは記載はされてはいないが，これらの方策にはそれぞれ予算が割り振られることになる。方策のみ設定するだけで予算がなければ，その方策はいつまでも先延ばしになってしまう。

活動シートの活用は，目標が「絵に描いた餅」にならず，現実的に目標が達成できているかどうかをマネジメントするのに有益である。きちんとPDCAサイクルを回すことで，活動すること（手段）が目的化してしまうということを回避するのにも役立つ。

g）価値創造マップと活動シートの役割と作成方法

価値創造マップのねらいは，それぞれの戦略テーマごとに，どのような価値が創造されていくかのストーリーを見える化し，ステークホルダーと共有することである。それによって各ステークホルダーの利害調整にも役立ち，主体的に戦略のマネジメントを担当する海岸林保全プロデューサーが，ビジョン実現のための戦略が妥当かどうかを検討するのにも役立つ。

活動シートのねらいは，目標達成のための方策特定と目標達成のモニタリングである。決して手段が目的化しないように，目標（目的）と方策（手段）を

図表8-13　価値創造マップで設定すべき目標

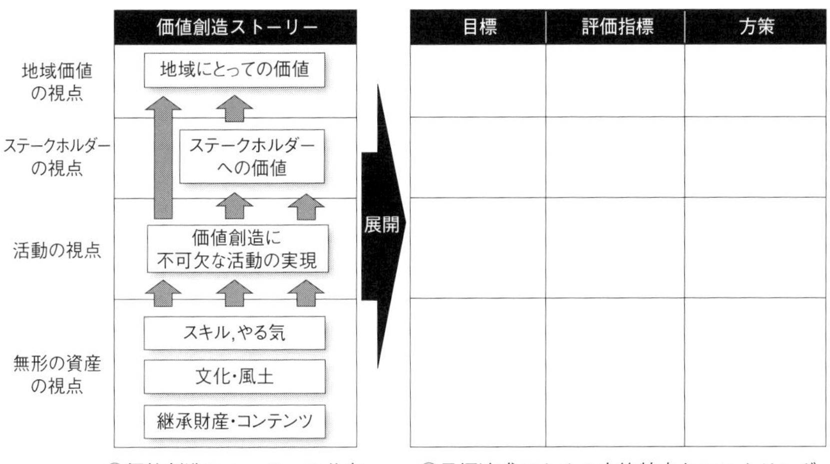

明確にしてマネジメントする必要がある。また，活動シートは方策ごとに優先順位をつけて予算配分するのに役立つ。さらに，３か月に一度など定期的にレビューの機会を持つことでPDCAサイクルを回すことが肝要である。

とりわけ，価値創造マップの作成方法についての枠組みを提示したのが，図表8-13である。地域価値の視点では，海岸林の保全活動に関連する戦略テーマごとに設定すべき地域にとっての価値や成果に関する目標を定義する。地域にとっての価値には，有形の価値も無形の価値もある。しかしながら，海岸林保全管理システムとして発展させていく際に，ビジネスエコシステムを構築するのであれば，ビジネスとしての戦略テーマが検討されるべきであるし，それと同時にビジネスとしての価値や成果を問われるものとなる。

ステークホルダーの視点では，その戦略テーマに関わるステークホルダーにとっての価値に関する目標を定義する。簡単なことではないが，それぞれのステークホルダーへ提供する価値と地域にとっての価値がつながるように設計することができれば，ステークホルダーが「関心はあるけど参加するまでには至らない」という状態を打破できる。

活動の視点では，ステークホルダーにとっての価値創造に不可欠な活動の実現に関する目標を定義する。総花的に考えず，何を達成することがステークホルダーへの価値の提供に不可欠なのかを考慮すべきである。

無形の資産の視点では，活動の視点で定義した活動を実現するのに必要となる無形の資産に関する目標を定義する。特に，代表的な無形の資産としては，参加するスキル（力量）とやる気，地域や組織の文化や風土，地域の継承財産（ヘリテージ）やコンテンツ（歴史や伝説など）が該当する。無形の資産の視点の目標については，必ずしも価値創造に不可欠な活動との直接的な因果関係にこだわる必要はないが，海岸林保全プロデューサーたちのうちで少なくとも一人は価値創造に不可欠な活動を適切に担える必要があるので，必要なスキルの定義は最も重視すべきである。

h）NPOの資金調達の課題

ここでは前掲の**2**における図表8-3で取り上げた企業，行政，NPO，地域外のファンとの関わりに関連する論点として，NPOの資金管理能力の課題を取り上げよう。新しい海岸林の保全管理システムの確立へ向けて，資金的な制約が大きい場合がほとんどであろうし，NPOにとって資金調達と資金繰りに関することは難題である。元手となる資金を獲得することが難しい場合も多いだろうし，どのように資金調達し，どのように資金繰りをするかという課題については解決しておく必要がある。

海岸林保全プロデューサーに必要な力を再掲すると，以下の３つである。

① ネットワーク力：優れた人脈を活用し，適材適所に人材を配置し，各種の役割を組織的に形成する力

② アイディア創造力：保全管理のアイディアを創出し，モノやコンテンツを制作・実装し，そのための資金を調達できる力

③ ビジネス創造力：保全活動のためにビジネスを創造する力

以上のとおり，立ち上げ時の資金調達する力や，継続的に保全活動を進めて行く資金を再調達するためのビジネスを創造する力があることが望ましい。ただ，海岸林保全にかかわらず公益に関わる仕事というのは，意気込みやカンで乗り切ることも多いために，こういった理詰めのマネジメントを嫌う向きもある。しかし，理詰めのマネジメントを嫌ったがために続かなくなった活動は多い。

現実的に，海岸林保全プロデューサーたちのうち，いずれかの人材が，資金調達を含めた資金管理の知識や能力，予算管理を中心としたコストマネジメントのスキルを持っているべきである。さらに，活動規模が拡大していくに従い，できるだけ海岸林保全プロデューサーの個人的なスキルに頼るだけに止まらせず，組織的に実行できるシステムまで昇華できることが望ましくなる。

海外林保全管理システムにおいて重要な役割を担うのがNPOである。そのNPOが海岸林保全に参画するのであれば，自らの活動の維持に必要となる資金調達や資金繰りを行わなければならない。元手がないとはじまらないし，途中で資金ショートしたら活動を継続できない。NPOといえど，これは一般企業とさほど変わらない。

もちろん，補助金や助成金といった公的資金から資金を調達することはできる。しかし，　このときの考え方として重要なのは，「資金は使って減らすものではなくて，徐々に増やしていくもの」ということである。もちろん，継続的な活動である以上一時的には目減りすることはあってもよいし，活動開始当初はそういうことも多い。しかし，長い目で見て手元の資金を増やせないようでは海岸林の保全管理システムとして継続的なものにできない。とにかく，資金を絶やさず，続けていくことが，社会的にも意義のある活動といえる。

近年では，資金調達のために，クラウドファンディングの活用余地が大きい。地方自治体が主体となって，ふるさと納税制度を活用したクラウドファンディングも行われている。唐津市のNPO法人KANNEでもクラウドファンディングによって資金調達をしている。

クラウドファンディングでは，Webを通じて資金を調達することになるので，より多くの人に活動内容について共感してもらうことができ，地域に縛られず資金を集めることが可能である。海岸林の保全活動については，特定の地域で完結した資金集めにも限界がある。それに対して，クラウドファンディングではその地域以外からも資金を集めることができ，その地域での経済活動に他の地域からの資金を流入させることもできる。

しかしながら，クラウドファンディングといっても簡単には資金調達できない。クラウドファンディングには「1/3の法則」という経験則がある。資金の1/3は自分の友人のネットワークから，次の1/3はその友人の友人のネットワークから，最後の1/3が純然たるクラウドファンディングから集まるというものである。より多くの人に海外林保全に興味を持ってもらい，ファンとなってもらうためには，単に海岸林保全活動を訴えるだけでは足りないので，何かしらの突破口が必要となる。その突破口となるのが，戦略的な地域外のファンの獲得である。戦略的な地域外のファンの獲得の方法として，創作による物語やコンテンツへの共感を通じたファンの獲得がある。

i）物語の共有・共感をベースとしたクラウドファンディング事例：諏訪姫プロジェクト

「物語の共有・共感」を生かしたビジネス展開において，諏訪市にある（株）ピーエムオフィスエーが主催する「諏訪姫プロジェクト」の事例が興味深い。諏訪姫とは，武田信玄の側室であり武田勝頼の母であった諏訪御料人をモデルしたキャラクターである。諏訪御料人についてはもともと史料が少なく，実名もわからない人物ではあるが，その人物像をモチーフとして現代的な物語を創作し，漫画的なキャラクターとして成立させた点が特徴である。キャラクターとしての諏訪姫は，いわゆる，ご当地アイドル，ゆるキャラ，ご当地キャラのブームの波に乗って認知度を上げた

（株）ピーエムオフィスエーはもともと自動車部品の金型メーカーであり，プラモデルやフィギュアの制作・販売に関わるキャラクター事業を展開するなかで，たまたま作ったキャラクターがヒットしたそうである。その後に，諏訪市の公認キャラクターにもなっている。さらに，上田市，塩尻市，松本市，茅野市，岡谷市，下諏訪町にちなんだキャラクターも作られた。それらのキャラクターは歴史や伝説などに根ざしたものとなっている。

この事例のポイントは，地域振興や地域おこしの視点を超えて，ビジネスの視点をもって取り組まれたことである。ともすれば，地域振興が目的化してしまうケースも多いなか，主催している企業がフィギュア等のグッズを販売するだけでなく，他の地元企業が積極的にコラボできる枠組みを提示し，地域企業が諏訪姫などのキャラクターを作った製品やサービスで利益を獲得できるようにできている。そのため，地元の認知度も上がり，地元で長く愛されるキャラクターとしての地位を確立できた。これは自治体主導ではやりづらいことである。諏訪姫プロジェクトにとって，まず一企業のビジネスありきで始まり，他

企業や自治体を巻き込めたことが大きな成功要因であると考えられる。

他方，その製品の購入層であるファンたちがなぜ諏訪姫のヒットを担ったかに目を向ける必要があろう。ビジネスとして成立したということは，経済活動において地域内外に一定量のファンを獲得できたわけである。一定量のファンを獲得できたのは，単にかわいいキャラクターとして製品化できたことだけでなく，マーケティングとリードマネジメント（見込み客から顧客への効果的転換の管理）の成果として多様なファン層を囲い込むことができたからでもある。実際に諏訪姫ファンクラブのミーティングでは，フィギュア化されたキャラクターのファンだけでなく，戦国武将や歴史に詳しいファン，㈱ピーエムオフィスエーが主催するレーシングチームのファンなど，多様な嗜好を持つ地域外のファンが諏訪市に集まった。そのような地域外のファンにとっては，諏訪市はいわゆる「聖地巡礼」の一環で訪れる場所である。このように，諏訪姫を中心としたご当地キャラクターが観光宿泊客を呼び寄せる力も持つに至っている。

その延長線上にあるのが，観光周遊バス「かりんちゃんバスすわひめ号」というラッピングバスに関わるクラウドファンディングである。諏訪市主体でふるさと納税制度を活用したクラウドファンディングが立ち上げられ，成功している。返礼品は限定フィギュア，限定バスチケット，ラッピングバスへのスポンサー名の記載である。自宅へ送られる製品の返礼だけでなく，現地を訪問しなければ使い途がない返礼品が含まれていても，クラウドファンディングが成功できたことは注目に値する。

ふるさと納税とほぼ同義のクラウドファンディングとしては，返礼品目当てではない地域外のファンの獲得が成功のポイントであると考えられる。その地域外のファンから長く愛されるキャラクターの基盤となっているのが，歴史や伝説に根ざしていることである。これによって地元住民の納得感や共感を得ることができるとともに，ビジネスを通じて地域外のファンにも共感や一体感という価値を提案できたと考えられる。

j）東北地方沿岸部への適用の検討

例えば，東北地方太平洋沿岸部における海岸林の保全管理システムの確立を想定すると，どのような物語の共有・共感を軸に地域外のファンを獲得するかという課題が残る。唐津市の虹の松原のようにアニメの聖地巡礼といったことは簡単ではないし，できたとしてもあまり現実的な解決策にはならない。それはあくまで海岸林の保全活動への興味や関心の喚起のきっかけでしかないからである。

そこで，歴史や伝説に基づく物語をモチーフとした地域外のファン層の獲得への期待は高い。もちろん，諏訪姫プロジェクトの事例のようなキャラクターを活用することも検討すべきことではある。例えば，気仙沼市にある「皆鶴姫伝説」など，沿岸部の地域に残る伝説を掘り起こせば，地域外のファンを獲得すると同時に，地域住民の納得感も得ることはできるかもしれない。さらに，すでに「東北ずん子」,「東北きりたん」といった地域キャラクターは確立しており，版権等のライセンシングについては整備が進んでいるので，こちらも検討してもよいかもしれない。ただし，そのような地域キャラクターのブームは落ち着いてきたところもあるので，注意深く進める必要はあるだろう。

他にも,「物語の共有・共感」の題材として，筆者が注目しているのが，劇団わらび座のミュージカル「ジパング青春記」(制作：わらび座／脚本・演出：横内謙介）である。この作品は，伊達政宗の家臣である支倉常長が慶長遣欧使節としてヨーロッパへ渡る際に，船員として同行する若者たちの姿を描いた物語である。この物語の主人公は東日本大震災の400年前にあったことが記録されている慶長大津波で家族を失いながらも，最後には夢を抱いてヨーロッパへ旅立った。この物語は，東北地方にあまり詳しく残らない津波による甚大災害に関する“物語”を，勇気を持って前進しようとする若者の姿を通して，多くの人々に伝えることができる力を持っている。

原点に還れば，なぜ海岸林の保全管理システムが必要なのだろうか。観光資源としての海岸林の景観機能はあくまで２次的な機能である。防砂機能や防風機能もあるが，東北地方の太平洋沿岸部における海岸林について言えば，防波機能への期待が大きい。しかし，あまりにも甚大な被害を出した災害であるがゆえに，慶長大津波でも東日本大震災でも，忘れたい悲惨な災害として記録だけに残ることになってしまう。

ここで,「ジパング青春記」という「多くの人が共感できる希望あふれる若者の物語」の存在価値は大きい。この物語の共有・共感から，大津波に対する海岸林が持つ優れた防波機能への関心が喚起されることが大いに期待できる。このような優良なコンテンツは東北地方の継承財産として，海岸林保全に役立てられるのではないだろうか。

k）ビジネスモデルの構想

ここで企業というステークホルダーの立場に焦点を当て，海岸林の保全へ貢献できる方法について検討しよう。それは前掲の**2**における図表8-3で言えば，地域外のファンに対する地域商品の提供という論点である。

地域商品の提供には，①地産地工の製品としてすでに製造・販売している製品を生かし，海岸林の保全のための資金調達に貢献する方法のほか，②新規の地産地工の製品を開発・販売し，海岸林の保全のための資金調達に貢献する方法がありうる。前者の既存製品の活用については，ふるさと納税の返礼品として活用されるケースが該当する。ふるさと納税の返礼品して活用され，間接的な支援としてそこから得られた利益が海岸林の保全のための資金へ回されることがある。地域キャラクターを活用したコラボ商品などもこちらに該当するだろう。後者の新規製品の開発・販売については，海岸林に関連した素材・材料を活用した製品の開発・販売が該当する。

しかしながら，新規製品の開発・販売においては注意することも多い。例えば，製品開発において，プロダクトアウトとマーケットインという考え方がある。プロダクトアウトとは，「作ったものを売る」という考え方である。他方，マーケットインとは，「市場の要望に応えられるものを作って売る」という考え方である。

地域創生や地域活性化という文脈の中から出てくる製品は，往々にしてプロダクトアウトの発想が強い。それは，製品開発が「素材・材料ならある」という状態からスタートすることが多く，マーケティング志向が欠如した中で，作れるものを作るということに帰結しやすいことに起因する。

プロダクトアウトの発想から生まれた製品はどうしても「よくある製品」であり，レア感はほとんどない場合が多いため，販売面で苦労することになってしまう。そのせいで，売上高が伸びず，コストを回収できないという結果に陥りがちである。

海外林保全活動のための資金補填手段として，製品の開発・販売といった方

図表8-14　リーンキャンバスの内容

<table>
<tr>
<td rowspan="2">【課題】
●価値提案を実現する上での課題トップ3は?

既存の代替品・手段
●すでに似たようなものはあるのか?
●自分が奪える顧客をすでに持っているビジネスは?</td>
<td>【ソリューション】
●価値提案を実現するのに特徴的なコト・モノのトップ3は?</td>
<td rowspan="2">【独自の価値提案】
●このビジネスアイデアにお金を払う価値がある，他のビジネスアイデアとは違うという根拠を示す明確なメッセージ

ハイレベルコンセプト(わかりやすいフレーズ)
●一言で言えば，どんなこと?</td>
<td>【圧倒的な優位性】
●簡単にコピーされたり，盗まれたりしないというモノ・コト
●その理由や根拠</td>
<td rowspan="2">【顧客セグメント】
●ターゲット顧客は誰?
●誰から収益を得るのか?

アーリーアダプター
●最初に飛びつくのはどんな人?</td>
</tr>
<tr>
<td>【主要指標】
●測定すべき主要な活動はなに?</td>
<td>【チャネル】
●顧客に価値提案を提供するコミュニケーション，流通，販売方法はどんなこと?</td>
</tr>
<tr>
<td colspan="2">【コスト構造】
●顧客を獲得するのにかかるコスト
●商品・サービスを提供するのにかかるコスト
●ビジネスを拡大していくのに必要なコスト
●人件費等</td>
<td colspan="3">【収益の流れ】
●顧客はどんな価値にお金を払おうとするのか?
●どのようにして収益（売上高）を稼いでいくのか?
●顧客生涯価値（Life Time Value）はどれくらいあるのか?
●1年間の収益はどれくらいあるのか?
●1年間の利益はどれくらいあるのか?</td>
</tr>
</table>

法は十分にありうる。海岸林からの副産物として一番ありうるのが松葉であるが，それゆえに製品へ応用可能性は限られたものになりがちとなる。新規製品に関わるビジネスモデルの考案においては，プロダクトアウトに陥らず，マーケットインの発想が求められる。

図表8-14は，ビジネスモデル考案の枠組みの1つ，リーンキャンバスである。このような枠組みを活用しながら，企業が海岸林の保全に貢献するために製品を販売するために「失敗しない」ビジネスモデルを考案することはとても重要である。

ビジネスモデルを考案するにあたり，最終的に収益の流れとコストの構造を明確にし，ビジネスとして利益を稼ぎ出すことを冷静に検討するべきである。まず，特定のビジネスにおける独自性の高い価値提案を中心に据えて顧客セグメントを特定する必要がある。次に顧客セグメントの特定の結果，どのような顧客が収益源となるかが特定できる。ビジネスの発展を捉え，顧客層が拡大していく場合も多いので，アーリーアダプター（最初に飛びつく顧客）とレイターアダプター（遅れて顧客になる層）を分けて顧客セグメントを定義し，そこで必要な販売方法に応じた収益を見積もれるだろう。

なお，注意が必要なのは，補助金や助成金を提供する国や地方自治体を顧客としないことである。補助金や助成金の獲得は収益ではなく，あくまで投下資本の確保である。

次に，顧客へ価値提案を提供する方法やチャネルを特定できれば，顧客の獲得に必要なコストを見積もれるようになる。また，価値提案の実現における課題と解決方法（ソリューション）を特定できると，人件費以外にも，商品やサービスを提供するのに必要なコスト，ビジネスを拡大させていくのに必要なコストも見積もれるようになる。

現実的に，地域商品の販売では徐々に精緻なビジネスモデルを確定するといった発展モデルを想定するほうがよいだろう。当初は，在庫リスクを避けてアーリーアダプター層を中心にスモールスタートではじめて市場化テストを行い，その後に市場拡大のチャンスがあれば拡大できるようにするほうがよい。現実的なビジネスモデルとして成立させることができなさそうであれば，撤退することもまた重要である。

l）広域連携モデルとビジネスエコシステム

最後に，東北地方太平洋沿岸部における海岸林保全管理システムの確立を目指した広域連携モデルとビジネスエコシステムの論点について考えよう。それは前掲の**2**における図表8-3で言えば，企業やNPOが大きく関わる。

図表8-15は，海岸林の保全のために想定できるビジネスエコシステムの一例として，「移動式松葉ペレット製造車のシェアリングサービス」を示す。松葉を使った燃料を製造・販売からの事業収益をメインとして，広告収入によって事業収益の補填をするというアイディアをベースとしている。

このモデルは，物語の共有・共感をベースとして，①松葉燃料としての加工・販売による事業収益の獲得，②広告収入などによる事業収益の補填やクラウド

図表8-15　松葉ペレット製造に関わるビジネスエコシステムの構想

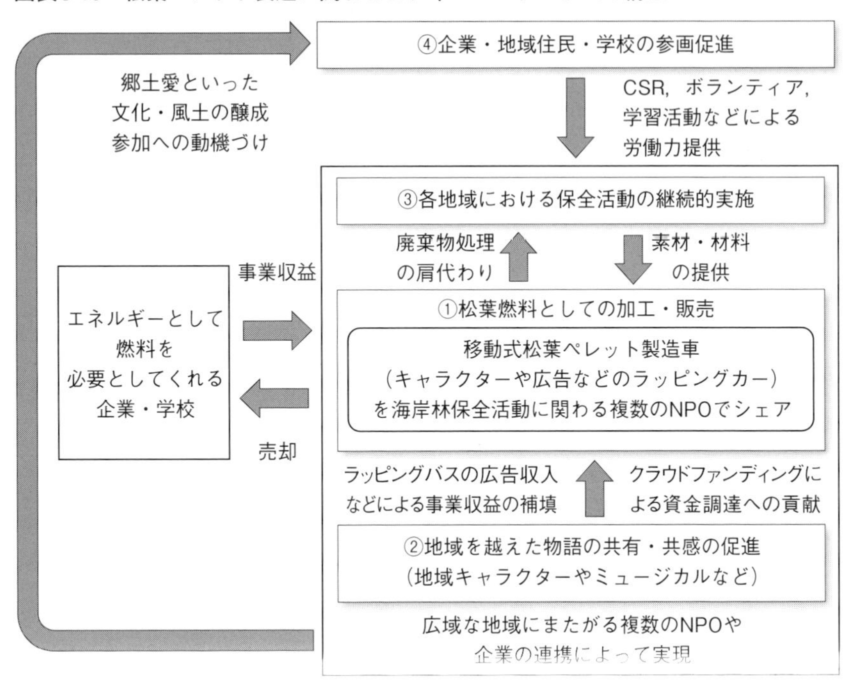

ファンディングによる資金調達，③各地域における保全活動の継続的実施，④企業・地域住民・学校の参画促進という，４つのポイントをバランスよく揃えることによって，継続的な保全活動に繋がる可能性を見いだせる。発想の転換として，海岸林保全を一義的な目的とするよりも，海岸林保存を事業活動の結果として得られるものとして捉えることであるがポイントとなる。

最終的に追求すべきことは，③各地域における保全活動の継続的実施である。しかし，その保全活動の費用を捻出するために，②松葉燃料を加工・販売し，事業収益を得られるようにするわけだが，この松葉燃料の製造装置を各地域で分散投資することは投資回収の側面からも望ましくない。そのため，トラック型の松葉ペレット製造車へ各地域のNPOや企業が共同で投資し，東北地方沿岸部における各地域で利用するという方式をとるというアイディアである[4)]。

ただし，この松葉ペレット製造車の開発・製造への投資資金の調達には課題が残る。そこでラッピングカーとしての利用により，企業からの広告収入やクラウドファンディングを通じた個人からの資金などで賄うというアイディアを盛り込んでいる。得られた収益は，レベニューシェアという形で，参画したNPOや企業拠出した金額や貢献度などによって配分額を決めていくとよい。

他方，こちらを実現させるにも，資金提供してくれる企業や地域外のファンを獲得するという課題がある。その課題解決の基盤として，①地域を超えた物語の共有・共感の促進が効果的である。また，このような物語の共有・共感の促進に成功できれば，④企業・地域住民・学校の参画促進という成果を獲得することもできよう。

以上のように，海岸林保全を継続的な活動として確立するビジネスエコシステムの構築には，物語の共有・共感をベースとし，地域内外を巻き込んだ企業やNPOによる広域連携が必要となる。もちろん，ここで提案したビジネスエコシステムのモデルはあくまで構想にすぎない。しかし，広域連携を行い，それぞれのステークホルダーが役割に応じた利益・利得を獲得できる仕組みがあることで，公的資金の継続的な投入をあてにしなくとも，活動の継続と事業の採算性確保の双方を成立させる可能性を見いだせる。今後，このようなモデルを精緻化させたり，増やしたりすることによって，保全活動の継続的実施が実現に近づいていくだろう。

まとめ

本節では，(1) 海岸林の保全管理の新たなシステムづくりでの各ステークホルダーの関わり方を明らかにし，(2) これまでの事例を新しいアイディアに基づいて，NPO，企業，行政，地域外のファンといったステークホルダーに関連づけた新たな海岸林の保全管理システムの検討を行った。結論として，海岸林保全を継続的な活動として確立するビジネスエコシステムの構築には，物語の共有・共感をベースとし，地域内外を巻き込んだ企業やNPOによる広域連携を模索する方向性を提起した。

ただし，ここでは学会や研究機関についてはあまり取り上げなかった。その理由は，海岸林保全プロデューサーが属すであろうNPOのほか，多くのステークホルダーにとって学会や研究機関はあくまでアドバイザー的な役割だからである。情報源としてうまく活用することはあっても，あまり主導権を握らせないこともまた重要なポイントであろう。

［注記］

1）海岸林保全プロデューサーに必要な力については，以下を参考にした。
筒井一郎（2016）「ゼロからコトを起こす。プロデューサーのクリエイティビティ。」
玉木欽也編著（2016）『地方創生に向けたGlobal-CEPプロデューサー』博進堂，p.119。
2）スケールメリットとは，ビジネス全体の取引規模が拡大するに伴い，取引１件あたりのコストが低減していくことである。なお，ビジネス活動のコストは取引１件ごとに上昇する変動費，一定期間や一定の取引量に対して固定的に生じる固定費に分けられる。取引が増えれば増えるほど，取引１件あたりの固定費が低減することによって，スケールメリットが生じることとなる。
3）バランスト・スコアカードは戦略の実行をマネジメントするためのシステムである。非営利企業に限らず，政府や軍隊などの公的組織，病院などでの活用も多く紹介されている。
4）移送式製造車のアイディアは，一般社団法人日本ジビエ振興協会のジビエカーからの発想である。このジビエカーは長野トヨタ株式会社で取り扱っている（2020年２月現在）。

［引用・参考文献］

Kaplan, R. S. and D. P. Norton (2001) Strategy Maps: Converting Intangible Assets into Tangible Outcomes, Harvard Business School Press.

梅津勘一（2011）「それぞれに役割がある―みんなで保全する―」中島勇喜・岡田穣編著『海岸林との共生』山形大学出版会，pp.178-181。
岡田穣（2018）「海岸林保全管理における共同管理体制モデルの提案―地域・NPO・企業―」『平成30年度日本海岸林学会石垣大会講演要旨集』pp.86-89。
岡田穣・宮島清一・梅津勘一・呉尚浩・小酒井正和・藤田和歌子（2019）「海岸林保全管理における共同管理体制の構築―地域・NPO・企業―」『平成30年度日本海岸林学会石垣大会シンポジウム―』海岸林学会誌18（1），pp.13-20。
玉木欽也編著（2016）『地方創生に向けたGlobal-CEPプロデューサー』博進堂。

一般社団法人日本ジビエ振興協会「ジビエカー」：
http://www.gibier.or.jp/gibiercar/intro/（2020.02.08閲覧）
劇団わらび座「ジパング青春記」：
https://www.warabi.jp/jipang2019/（2020.02.08閲覧）
佐賀県「佐賀県×おそ松さん『さが松り―佐賀も最高!!!!!!―4』」：
https://www.pref.saga.lg.jp/kiji00349145/index.html（2020.02.08閲覧）
諏訪市「【諏訪姫プロジェクト】かりんちゃんバスすわひめ号の運行について」：

https://www.city.suwa.lg.jp/www/info/detail.jsp?id=9382（2020.02.08 閲覧）

【執筆者一覧】

岡田 穣（おかだ　みのる）……………………第1章，第2章，第7章，第8章，編著者
専修大学商学部教授

八島 明朗（やしま　あきら）……………………第3章
専修大学商学部准教授

岩尾 詠一郎（いわお　えいいちろう）……………………第4章，第6章
専修大学商学部教授

大崎 恒次（おおさき　こうじ）……………………第5章，第6章
専修大学商学部准教授

小酒井 正和（こざかい　まさかず）……………………第8章
玉川大学工学部教授

■ 海岸林維持管理システムの構築
―持続可能な社会資本としてのアプローチ―

■ 発行日――2020年3月31日　初版発行　〈検印省略〉

■ 編著者――岡田 穣

■ 発行者――大矢栄一郎

■ 発行所――株式会社 白桃書房

〒101-0021　東京都千代田区外神田5-1-15

☎03-3836-4781　Ⓕ03-3836-9370　振替00100-4-20192

http://www.hakutou.co.jp/

■ 印刷・製本――藤原印刷

 ISBN 978-4-561-96305-9 C3351